伝送理論の基礎と
光ファイバ通信への応用

Fundamentals of Transmission Theory and Its Application to
Optical Fiber Communications

笠 史郎 著

一般社団法人 電子情報通信学会編

序 文

　1990年代の半ばから急速に浸透していったインターネット，携帯電話の発展により，人が通信技術と接しない日はもはやないほどにまでなっている．現代の通信技術は，ディジタル通信技術とその伝送を担う無線通信，光ファイバ通信技術が核となっていることについては，誰もが認めるところであろう．

　筆者は長年通信事業者において，その大半を光ファイバ通信技術に関する研究開発に捧げてきた．1983年に社会に出た頃には，当時の光ファイバ通信技術では，ちょうど1本のファイバで数十〜100 Mbit/s 程度の伝送速度が実用化され話題になっていたことが記憶に残っている．その後，筆者が当時の国際電信電話株式会社研究所（KDD研究所）に配属になった後，1995年までのおよそ10年の間に，光ファイバ通信における重要技術として今日を支えている，光ファイバ増幅器，波長多重光通信技術が相次いで実用化された．これらの重要技術が発明された時期が，インターネット，携帯電話の一般大衆への普及期と一致したことはまさに偶然の出来事であったが，このような偶然なくして，今日のスマートホンの爆発的な発展，普及はあり得なかったわけであり，歴史の偶然を切に感じるところである．また，筆者が大学の研究室以来研究を行ってきたコヒーレント光通信技術が，およそ30年間の時を経て2010年頃に実用化されたことも，一つの技術の黎明期から実用化までの経緯を全て見ることができた貴重な機会であったとともに，これまたインターネット，スマートホンの発展を支えるために必須な技術が時期を得て実用化された好例である．

　筆者は通信事業者において研究開発に従事してきたが，2005年からは早稲田大学理工学部（現在は基幹理工学部）において，非常勤講師として通信の基礎理論である「伝送理論」の授業に携わっている．また2012年からは，同大学において更に「光ファイバ通信」の授業も担当している．

　大学における授業を行ってきて痛感したのは，現代の高度なディジタル通信技術も，その底辺は振幅変調方式から始まるアナログ通信技術が支えており，高度な技術を真に理解するためには，その基礎となるアナログ通信技術の理解が不可欠であるということである．このような背景から，筆者の早稲

田大学での授業では，まず数学の基礎とアナログ通信の基礎を徹底的に理解することに力を注いでいる．現在はもはや使われなくなってしまったアナログ通信関係の技術についても，重要なものは敢えて取りあげるようにしている．その理由は，今後のより高度な通信技術に将来携わる者にとっては，その基礎となるアナログ通信技術に関する深い知見が，将来技術の研究開発にあたって何らかのヒントを生むときが必ずや来るという筆者の信念からである．

また，光ファイバ通信の授業を行ってみて感じたのは，授業内容の理解には通信技術に関する知見が深いことに越したことはないということである．これは極めて当然のことではあるが，現実には授業現場で光ファイバ通信の内容を教えながら，通信理論について深く触れることは極めて困難であることはいうまでもない．

筆者が担当している，「伝送理論」，「光ファイバ通信」の両授業内容には，それぞれの分野の卓越した専門家が執筆された名著があり，筆者も参考書として学生に推薦している．しかしながら，光ファイバ通信の教科書で，その基礎となる伝送理論を詳述したものはほとんどなく，授業においては必要に応じて補足プリントを配布するなどして対処してきた．

ちょうど，二つめの「光ファイバ通信」の授業を開始した頃，偶然にも本会の出版委員会委員である野本真一博士（KDDI研究所）から，授業内容をまとめた教科書を執筆してはどうかとのお話をいただいた．折しも「伝送理論」，「光ファイバ通信」の両授業の関連性を何とかして授業に反映していきたいと試行錯誤していた時期とたまたま重なったことは，これまた偶然の出来事であった．そうであれば，両授業の内容を一つの教科書にまとめて，双方の分野の関連性をその中で示せるようなものができればと思い，教科書の構想をまとめて出版委員会に提出したところ，このような教科書はあまり例を見ないので是非執筆いただきたいとのことになり，本書の出版に至ったというのが経緯である．

上述したように，本書は伝送理論の基礎を学んだ後，それが実際に光ファイバ通信システムでどのように応用されているかについて習得できる本である．構成は前編と後編に分かれており，前編では伝送・通信理論の基礎について習得することを目的としている．後編では，前編で扱った理論を基礎にして，光ファイバ通信に関する基礎から応用までを取り扱っており，随所で

前編との関連性について触れ，理解を深められるように工夫している．なお，前編と後編は関連性を重視しつつも，前編だけ，後編だけを読んでも理解できるように構成したので，読者の必要に応じて読み進めていただきたい．本書は，関連分野の大学学部生，大学院生，および通信，光通信関連の研究者，開発者で，基礎的な内容を学び直したい方を対象として執筆した．各章の末尾には，早稲田大学の授業において課題や試験問題として出題した問題を始めとして，内容の理解ができているかを確認するための演習問題も載せてあるので，是非取り組んでいただきたい．

本書の基礎となる早稲田大学における非常勤講師としての授業遂行にあたり，様々な面でお世話になっている同大学基幹理工学部教授　宇髙勝之博士，本書の執筆を強く薦めていただき，本書執筆の端緒を作っていただいたKDDI研究所　野本真一博士に感謝する．また，筆者の大学研究室時代からご指導いただいた，東京大学名誉教授　大越孝敬博士（故人），東京大学教授　菊池和朗博士，同　保立和夫博士のご指導なくして本書は存在し得ないほど，様々な点において筆者の研究者人生を支えていただいた．ここに厚く御礼申し上げる．本書の執筆・校正にあたっては，電子情報通信学会の各氏に大変お世話になった．ここに深謝する．また早稲田大学における授業内容は，授業現場における学生諸氏とのやり取りを通じて，授業の開始当初に比べてより洗練されたものに変革してきているが，本書はそのような内容も反映して執筆しており，読者にも理解しやすいものになっているものと確信している．これは長年にわたって様々な観点から行った学生諸氏との議論の賜物であり，これまで筆者の授業を受講されご議論いただいた学生諸氏に深く感謝する．最後に，本書の執筆の時間のために，家族と過ごす時間を奪ってしまったことに対しても，常に寛容に受け入れてくれた妻　笠眞理子，長女　笠真由子，長男　笠智貴に対して感謝し筆をおくこととする．

2014 年 9 月

笠　史郎

目　　次

前編：伝送理論の基礎

第1章　信号処理基礎理論

1.1　フーリエ解析の基礎 ………………………………………………… 1
　1.1.1　正弦波 ………………………………………………………… 1
　1.1.2　フーリエ級数展開 …………………………………………… 3
　1.1.3　フーリエ変換 ………………………………………………… 5
1.2　インパルス応答とたたみ込み積分 ………………………………… 8
1.3　確定信号の相関 ……………………………………………………… 12
　1.3.1　集合平均と時間平均 ………………………………………… 12
　1.3.2　自己相関関数 ………………………………………………… 14
　1.3.3　ウィーナー・ヒンチンの定理 ……………………………… 16

第2章　狭帯域信号

2.1　ガウス分布（正規分布） …………………………………………… 21
2.2　狭帯域信号の表現 …………………………………………………… 22
2.3　狭帯域雑音 …………………………………………………………… 25
2.4　狭帯域信号と雑音の共存 …………………………………………… 27

第3章　振幅変調方式

3.1　アナログ変調方式 …………………………………………………… 30
3.2　通常の振幅変調方式 ………………………………………………… 31
3.3　振幅変調信号の周波数スペクトル ………………………………… 35
3.4　振幅変調信号の電力 ………………………………………………… 39
3.5　振幅変調信号の変復調 ……………………………………………… 40
3.6　両側波帯変調方式 …………………………………………………… 44
3.7　単側波帯変調方式 …………………………………………………… 46
3.8　残留側波帯通信 ……………………………………………………… 48

3.9 信号対雑音比 ……………………………………………………… 53

第4章　角度変調方式

4.1 位相及び周波数変調波 ………………………………………… 57
4.2 狭帯域角度変調 ………………………………………………… 60
4.3 広帯域周波数変調 ……………………………………………… 63
4.4 周波数変調波の変調方法 ……………………………………… 64
4.5 周波数変調波の復調方法 ……………………………………… 66
4.6 周波数変調波に対する妨害波の影響 ………………………… 69
4.7 信号対雑音比 …………………………………………………… 71

第5章　パルス変調方式

5.1 標本化定理 ……………………………………………………… 78
5.2 有限幅パルスによる標本化 …………………………………… 85
5.3 パルス符号変調 ………………………………………………… 88
5.4 量子化雑音 ……………………………………………………… 91
5.5 符号化パルスの検出 …………………………………………… 93

第6章　多重通信方式

6.1 周波数分割多重 ………………………………………………… 98
6.2 時分割多重 ……………………………………………………… 100
6.3 符号分割多重 …………………………………………………… 102

第7章　ディジタル変復調方式

7.1 2進オンオフ・キーイング …………………………………… 105
　7.1.1 オンオフ・キーイング信号 ……………………………… 105
　7.1.2 非同期検波 ………………………………………………… 106
　7.1.3 同期検波 …………………………………………………… 108
7.2 2進周波数シフト・キーイング ……………………………… 109
　7.2.1 周波数シフト・キーイング信号 ………………………… 109

7.2.2　非同期検波 …………………………………………… 110
7.2.3　同期検波 ……………………………………………… 112
7.3　2進位相シフト・キーイング ………………………………… 113
7.3.1　位相シフト・キーイング信号 ………………………… 113
7.3.2　同期検波 ……………………………………………… 113
7.3.3　差動位相シフト・キーイング ………………………… 114
7.4　各方式の符号誤り率特性 …………………………………… 116
7.5　多値変調方式 ………………………………………………… 117
7.6　信号検出の理論 ……………………………………………… 120
7.6.1　整合フィルタ ………………………………………… 120
7.6.2　相関による最適受信 ………………………………… 124

後編：光ファイバ通信への応用

第8章　光ファイバ通信概説 …………………… 128

第9章　基礎概念及び光線理論による光ファイバの解析

9.1　スネルの法則 ………………………………………………… 133
9.2　ステップインデックスファイバ ……………………………… 134
9.3　グレーディッドインデックスファイバ ……………………… 138

第10章　波動理論の基礎

10.1　波動方程式 ………………………………………………… 142
10.1.1　マクスウェルの方程式 ……………………………… 142
10.1.2　波動方程式の導出 ………………………………… 143
10.2　波動方程式の解 …………………………………………… 145
10.2.1　平面波 ……………………………………………… 145
10.2.2　表面波 ……………………………………………… 146
10.2.3　平面導波路 ………………………………………… 147

10.2.4 光ファイバ ……………………………………………………… 148
10.3 光ファイバの各種モード ……………………………………………… 156
10.4 シングルモードファイバ ……………………………………………… 159

第11章　光ファイバの分散特性，損失特性，非線形光学特性

11.1 分散特性 ……………………………………………………………… 162
  11.1.1 分散とは ……………………………………………………… 162
  11.1.2 群速度分散 …………………………………………………… 163
  11.1.3 材料分散 ……………………………………………………… 166
  11.1.4 導波路分散 …………………………………………………… 168
  11.1.5 分散特性に着目したシングルモード光ファイバの種類 ……… 169
  11.1.6 分散特性に基づいた光ファイバの選択の歴史 ……………… 171
11.2 光ファイバの損失特性 ………………………………………………… 173
11.3 光ファイバ内の非線形光学効果 ……………………………………… 177
  11.3.1 カー効果 ……………………………………………………… 177
  11.3.2 ファイバ四光波混合 ………………………………………… 178

第12章　光送信器

12.1 光変調 ………………………………………………………………… 180
12.2 半導体レーザの直接変調 ……………………………………………… 181
12.3 外部変調 ……………………………………………………………… 184

第13章　光受信器

13.1 基礎的概念 …………………………………………………………… 187
13.2 フォトダイオード …………………………………………………… 188
  13.2.1 pnフォトダイオード ………………………………………… 188
  13.2.2 pinフォトダイオード ………………………………………… 189
  13.2.3 アバランシェフォトダイオード ……………………………… 189
13.3 光受信器 ……………………………………………………………… 190
13.4 光受信器の雑音 ……………………………………………………… 192

13.5 信号対雑音比 …………………………………………… 195
   13.5.1 pin フォトダイオードを用いた場合 ……………… 195
   13.5.2 APD を用いた場合 ……………………………… 195

第 14 章　強度変調・直接検波方式を用いた光通信システムの特性

14.1 IM-DD 方式の符号誤り率特性 ……………………… 200
14.2 Q 値を用いたシステム特性評価 …………………… 202

第 15 章　光増幅器と光通信システムへの応用

15.1 光増幅器 ……………………………………………… 205
15.2 光増幅器の雑音 ……………………………………… 207
15.3 光前置増幅器 ………………………………………… 210
15.4 光増幅中継方式 ……………………………………… 213

第 16 章　波長多重光通信システム

16.1 波長多重光通信システムの基本概念 ……………… 217
16.2 光合分波技術 ………………………………………… 219
16.3 基幹伝送系波長多重光通信システム ……………… 221
16.4 光アクセスシステム ………………………………… 221

第 17 章　コヒーレント光通信システム

17.1 基礎的概念 …………………………………………… 225
17.2 各種コヒーレント光通信方式における変復調方式 … 227
17.3 偏波ダイバーシティ光受信方式 …………………… 229
17.4 ディジタルコヒーレント光通信方式 ……………… 230
17.5 コヒーレント光受信器の雑音 ……………………… 231

演習問題解答 ……………………………………………… 235

索　　引 …………………………………………………… 242

前編

伝送理論の基礎

第1章

信号処理基礎理論

本章では，これから伝送理論を展開していくうえで必要な基礎数学理論[1]~[4]についてまとめておく．本章の目的は，あくまで本書における理論展開に必須な数学理論を体系化して，読者の理解の補助とするためであるので，必要最小限の記述に留めている．更に詳細な理論は，個々の数学書等を参照されたい．

1.1 フーリエ解析の基礎

1.1.1 正弦波

信号の基本は正弦波である．一般に通信では，正弦波信号に情報を載せて伝送する．このとき，情報が載せられる正弦波信号を搬送波というが，搬送波としては，無線通信，光通信等の伝送媒体の違いにかかわらず，多くの場合に正弦波信号を用いるのが一般的である．そのような意味で，正弦波についてその基本を押さえておくことは極めて重要である．

さて，正弦波を次のように表すことは周知のとおりである．

$$a(t) = A\cos(2\pi f_0 t + \theta) = A\cos(\omega_0 t + \theta) \quad (-\infty < t < \infty) \tag{1.1}$$

ただし，A, θ は実定数であり，また角周波数 ω_0，周波数 f_0，周期 T_0 には次の関係がある．

$$\omega_0 = 2\pi f_0 \tag{1.2}$$

$$T_0 = \frac{1}{f_0} = \frac{2\pi}{\omega_0} \tag{1.3}$$

図 **1.1** に式（1.1）で表される正弦波のグラフを示す．これは，正弦波を時間軸上で見たものであり，最も一般的な表現であるが，本節では正弦波を別の観点から見た更に二つの表現についても示しておく．

正弦波のフェーザ（phasor）表示

$$a(t) = \text{Re}[A \exp\{j(2\pi f_0 t + \theta)\}] \tag{1.4}$$

は，信号の位相を把握するのに有用な表現である．ここで j は虚数単位であり，本書では虚数単位としては，電流との混同を避けるために i は用いず，j を用いることとする．

図 **1.2** に正弦波のフェーザ表示を示す．図 1.2 に示すように，正弦波は実軸，虚軸をそれぞれ座標軸とする座標平面上を角速度 $\omega_0(=2\pi f_0)$ で回転するベクトルの実軸への射影としても表現することができる．

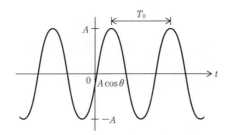

図 **1.1** 正弦波（時間軸表現）

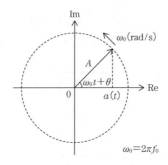

図 **1.2** 正弦波のフェーザ表示

更に，式 (1.1) は次のように表すことができる．

$$a(t) = \frac{A}{2}[\{\exp\{j(2\pi f_0 t + \theta)\} + \exp\{-j(2\pi f_0 t + \theta)\}] \quad (1.5)$$

式 (1.5) は，正弦波を互いに共役なフェーザの和として表したものである．**図 1.3** にこの様子を示す．図 1.3 からわかるように，図 1.2 に対して絶対値が 1/2 の互いに反対方向に回転する複素共役なベクトルの和として表すこともできる．このときには，図 1.2 と異なりベクトルの和は，絶えず実軸上に存在することになる．

本書では，通信に用いられる正弦波を様々な形で解析していくが，その際には本節で示した三つの表現方法から，適宜説明や理解のしやすい表現を選んで，それをもとに議論を展開していく．

1.1.2 フーリエ級数展開

ある時間関数 $g(t)$ が f_0 を基本周波数，T_0 を基本周期とする周期関数であり，電力が有限であるとき，$g(t)$ は以下のようにフーリエ (Fourier) 級数に展開可能である．

$$g(t) = a_0 + \sum_{n=1}^{\infty} \{a_n \cos(2\pi n f_0 t) + b_n \sin(2\pi n f_0 t)\} \quad (1.6)$$

ただしここで f_0 は基本周波数であり，式 (1.2)，(1.3) と同様に，

$$f_0 = \frac{\omega_0}{2\pi} \quad (1.7)$$

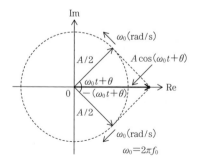

図 1.3 正弦波の互いに共役なフェーザによる表示

$$T_0 = \frac{1}{f_0} = \frac{2\pi}{\omega_0} \tag{1.8}$$

の関係を満たす．また，式（1.6）の係数 a_n, b_n は，以下のように与えられる．
$n=0$ のとき，

$$a_0 = \frac{1}{T_0}\int_{T_0} g(t)dt \tag{1.9}$$

a_0 は $g(t)$ の直流成分である．
また $n \geqq 1$ に対しては，

$$a_n = \frac{2}{T_0}\int_{T_0} g(t)\cos(2\pi n f_0 t)dt \tag{1.10}$$

$$b_n = \frac{2}{T_0}\int_{T_0} g(t)\sin(2\pi n f_0 t)dt \tag{1.11}$$

なお，上記積分における積分区間は，T_0 の幅を持った任意の区間 $[t_0,\ t_0+T_0]$ である．

また，フーリエ級数展開は，正弦波の複素数表現を用いて以下のように表すこともできる（複素フーリエ級数展開）．

$$g(t) = \sum_{n=-\infty}^{\infty} c_n \exp(j2\pi n f_0 t) \tag{1.12}$$

ここで c_n は，

$$c_n = \frac{1}{T_0}\int_{T_0} g(t)\exp(-j2\pi n f_0 t)dt \tag{1.13}$$

である．

また，これまでの議論から，$g(t)$ の絶対値の二乗の時間平均，すなわち平均電力 P は，

$$P = \frac{1}{T_0}\int_{T_0} g(t)g^*(t)dt = a_0^2 + \sum_{n=1}^{\infty} \frac{a_n^2 + b_n^2}{2} = \sum_{n=-\infty}^{\infty} |c_n|^2 \tag{1.14}$$

と表せることが示される．式（1.14）は，信号電力はその構成周波数成分の総和で与えられることを示しており，パーセバル（Parseval）の公式と呼ばれるものである．

ここで信号電力の表現方法について，少し述べておく．伝送理論において

は，与えられた電界などの量を単に二乗することにより，これをもって電力と呼ぶことがしばしば行われる．これは，負荷抵抗を 1Ω とした場合の電力に相当する量であり，正規化電力と呼ぶ．伝送理論の展開においては，後に述べるような信号対雑音比など，電力の比をとることがしばしば行われ，また電力の大小比較が主眼であることも多い．このため，正規化電力を単に電力として扱うことにより，理論展開を行うことがある．本書においても，特に断らない限り，電力は正規化電力を表すことに注意されたい．

1.1.3　フーリエ変換

$g(t)$ が非周期の関数でありエネルギーが有限のとき，$g(t)$ のフーリエ変換 $G(f)$ は次の式（1.15）で定義される．

$$G(f) = \int_{-\infty}^{\infty} g(t)\exp(-j2\pi ft)dt \tag{1.15}$$

また，$G(f)$ から $g(t)$ を求める操作を $G(f)$ のフーリエ逆変換といい，

$$g(t) = \int_{-\infty}^{\infty} G(f)\exp(j2\pi ft)df \tag{1.16}$$

となる．

上記の関係はしばしば次のように表される．

$$g(t) \Leftrightarrow G(f) \tag{1.17}$$

ここでフーリエ変換の意味について考える．フーリエ変換とは，$g(t)$ が非周期関数である場合に，これを正弦波に分解したときに，連続した周波数成分を持ち，f と $f+\Delta f$ の間に含まれる成分の振幅が $G(f)\Delta f$ であるということである．ここで $G(f)$ を周波数スペクトル（密度），あるいは単にスペクトルということもある．

フーリエ変換について別の言葉で言い換えると，時間軸上の関数 $f(t)$ を周波数軸上で観測したものが $G(f)$ であるとも解釈できる．

伝送理論で扱う諸問題は，時間軸上で解析するよりも，これを周波数軸上で解析した方が扱いやすくなることがある．このような場合には，時間軸上の関数を一旦フーリエ変換して周波数軸上の関数に変換し，問題を解決することがしばしば行われている．

さて，フーリエ変換には，いくつかの重要な性質がある．その中から，伝

送理論の展開にしばしば用いられるものを，以下に示しておく．

(1) 加法定理

α_1, α_2 を定数とし，

$$g_1(t) \Leftrightarrow G_1(f) \tag{1.18}$$

$$g_2(t) \Leftrightarrow G_2(f) \tag{1.19}$$

としたとき，

$$\alpha_1 g_1(t) + \alpha_2 g_2(t) \Leftrightarrow \alpha_1 G_1(f) + \alpha_2 G_2(f) \tag{1.20}$$

の関係が成り立つ．式（1.20）の関係をフーリエ変換の加法定理という．加法定理の証明については自明であるので省略する．

(2) 時間遅延

時間遅延のある信号と遅延のない信号の周波数スペクトルの関係は重要である．

フーリエ変換対 $g(t) \Leftrightarrow G(f)$ が与えられているとき，時間を t_0 だけ遅らせてみることを考える．このとき，式（1.16）より，

$$\begin{aligned} g(t-t_0) &= \int_{-\infty}^{\infty} G(f) \exp\{j2\pi f(t-t_0)\} df \\ &= \int_{-\infty}^{\infty} [G(f)\exp(-j2\pi f t_0)] \exp(j2\pi f t) df \end{aligned} \tag{1.21}$$

式（1.21）より，時間遅延させた関数のフーリエ変換は，

$$g(t-t_0) \Leftrightarrow G(f)\exp(-j2\pi f t_0) \tag{1.22}$$

となることがわかる．すなわち，時間軸で t_0 だけ遅延した信号の周波数スペクトルは，もとの信号の周波数スペクトルに遅延係数 $\exp(-j2\pi f t_0)$ を乗じたものとなる．

(3) 周波数偏移

周波数スペクトル上で全ての周波数成分を f_0 だけ偏移させると，フーリエ変換の定義式（1.15）を用いて，以下の関係が導かれる．

$$\begin{aligned} G(f-f_0) &= \int_{-\infty}^{\infty} g(t) \exp\{-j2\pi(f-f_0)t\} dt \\ &= \int_{-\infty}^{\infty} [g(t)\exp(j2\pi f_0 t)] \exp(-j2\pi f t) dt \end{aligned} \tag{1.23}$$

式 (1.23) より,
$$g(t)\exp(j2\pi f t_0) \Leftrightarrow G(f - f_0) \tag{1.24}$$
となる．すなわち，信号に位相偏移 $\exp(j2\pi f_0 t)$ を与えると，周波数領域ではそのスペクトル上の全ての成分を均一に f_0 だけ偏移させることに相当することがわかった．

(4) 双対性

フーリエ変換対 $g(t) \Leftrightarrow G(f)$ が与えられたとき，時間 t と周波数 f を入れ替えると，フーリエ変換の定義を参照して，
$$G(\mp t) \Leftrightarrow g(\pm f) \tag{1.25}$$
が成り立つことがわかる．これをフーリエ変換の双対性という．

(5) 微分

フーリエ変換対 $g(t) \Leftrightarrow G(f)$ が与えられたとき，式 (1.16) より,
$$\begin{aligned}\frac{dg(t)}{dt} &= \int_{-\infty}^{\infty} G(f) \frac{d}{dt}\exp(j2\pi f t) df \\ &= \int_{-\infty}^{\infty} (j2\pi f) G(f) \exp(j2\pi f t) df\end{aligned} \tag{1.26}$$
が成り立つ．よって n 次微分した場合には,
$$\frac{d^n g(t)}{dt^n} = \int_{-\infty}^{\infty} (j2\pi f)^n G(f) \exp(j2\pi f t) df \tag{1.27}$$
となる．したがって一般に,
$$\frac{d^n g(t)}{dt^n} \Leftrightarrow (j2\pi f)^n G(f) \tag{1.28}$$
となる．

(6) パーセバルの公式

次に，$g_1(t)$ 及び $g_2(t)$ の二つの実関数があり，それぞれのフーリエ変換を $G_1(f)$，$G_2(f)$ とすると，

$$\int_{-\infty}^{\infty} G_1(f)G_2(f)^* df = \int_{-\infty}^{\infty} G_1(f)df \int_{-\infty}^{\infty} g_2(t)\exp(j2\pi ft)dt$$

$$= \int_{-\infty}^{\infty} g_2(t)dt \int_{-\infty}^{\infty} G_1(f)\exp(j2\pi ft)df$$

$$= \int_{-\infty}^{\infty} g_1(t)g_2(t)dt \quad (1.29)$$

となる．ただし $G_2(f)^*$ は $G_2(f)$ の複素共役を表す．式 (1.29) より，

$$\int_{-\infty}^{\infty} G_1(f)G_2(f)^* df = \int_{-\infty}^{\infty} g_1(t)g_2(t)dt \quad (1.30)$$

が成り立つが，特別な場合として，$g_1(t)=g_2(t)$ とすれば，

$$\int_{-\infty}^{\infty} |G_1(f)|^2 df = \int_{-\infty}^{\infty} g_1(t)^2 dt \quad (1.31)$$

が成り立つことがわかる．式 (1.31) は，フーリエ級数展開における式 (1.14) と同一の関係を表しており，フーリエ積分に対するパーセバルの公式である．式 (1.31) は，ある関数の周波数スペクトルの絶対値の二乗の積分は，その関数の二乗の時間軸にわたる積分，すなわち全エネルギーに等しいことを示している．パーセバルの公式は，ある関数で表される事象のエネルギーは，時間軸上で求めても，周波数軸上で求めても等しいことを示している．

　上記の結論は，フーリエ変換を用いて解析することの本質を表している．すなわち，ある現象が与えられたとき，我々は，それを時間軸上の関数として解析するか，あるいはフーリエ変換を施して，周波数軸上の関数として扱うかの二つの選択肢を得たことを意味する．同じ問題を扱う場合においても，時間軸，周波数軸のそれぞれにおける解析は大きく異なるのが一般的である．そのようなときに，より扱いやすい軸を選択して解析を進めていくことが，伝送理論の世界ではしばしば行われるので，今後このことも念頭においておくことが必要である．

1.2　インパルス応答とたたみ込み積分

　伝送理論においては，しばしばシステムという概念を用いる．ここでいうシステムとは，**図 1.4** に示すように，入力 $x(t)$ に対して出力 $y(t)$ を与える

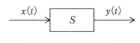

図 1.4 線形システム

ものであり，これを以下のように写像 S を用いて表現する．

$$y(t) = S[x(t)] \tag{1.32}$$

ここで，入力 $x(t)$ が定数 a_1, a_2 と時間の関数 $x_1(t)$，$x_2(t)$ を用いて，

$$x(t) = a_1 x_1(t) + a_2 x_2(t) \tag{1.33}$$

のような形で与えられたとき，出力 $y(t)$ についても，

$$y(t) = a_1 S[x_1(t)] + a_2 S[x_2(t)] \tag{1.34}$$

が成り立つようなシステム S を線形システム（linear system）という．

さて，時間領域で一つの線形システムを定義づけるために，単位インパルス $\delta(t)$ に対する応答を考える．議論を進める前に，まずここで単位インパルス $\delta(t)$ について述べておく．

単位インパルスは δ 関数とも呼ばれ，

$$\delta(x) = 0 \quad x \neq 0 \tag{1.35}$$

$$\int_{-\infty}^{\infty} \delta(x) dx = 1 \tag{1.36}$$

で定義される関数である．δ 関数についての詳細な議論は数学書に譲るが，**図 1.5** に示すように，$x = 0$ の付近で幅が無限小，高さが無限大のパルスで，かつその面積が 1 となるような関数である．δ 関数の図 1.5 に示すような表現方法は，δ 関数を直感的に理解するのに有用であるため，本書において δ 関数を表現するためにしばしば用いる．

さて，δ 関数の重要な性質として，

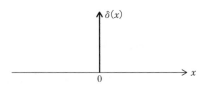

図 1.5 単位インパルス（δ 関数）

$$\int_{-\infty}^{\infty} f(x)\delta(x-x_1)dx = f(x_1) \tag{1.37}$$

であることは容易に証明できる．

次にδ関数のフーリエ変換を求める．δ関数を時間軸上で考え，式（1.37）において$x=t$, $x_1=0$, $f(t)=\exp(-j2\pi ft)$とおくと，

$$\int_{-\infty}^{\infty} \delta(t)\exp(-j2\pi ft)dt = \exp(0) = 1 \tag{1.38}$$

となるが，式（1.38）はδ関数のフーリエ変換の定義式そのものになっており，δ関数のフーリエ変換が1となることが示された．この様子を**図1.6**に示す．

式（1.38）は重要である．すなわちδ関数を周波数軸上で見ると，$-\infty$から$+\infty$にわたって，あらゆる周波数成分を均一に含むことが式（1.38）によって証明された．このことは今後の理論展開にあたってしばしば用いられるのでよく理解されたい．

また，式（1.38）をフーリエ逆変換すると，

$$\delta(t) = \int_{-\infty}^{\infty} \exp(j2\pi ft)df \tag{1.39}$$

なる関係も導くことができる．すなわち，1のフーリエ逆変換はδ関数となる．

さて，ここで議論を線形システムSに戻す．線形システムSの単位インパルス$\delta(t)$に対する応答を$h(t)$とすると，式（1.32）より，

$$h(t) = S[\delta(t)] \tag{1.40}$$

となる．ここで$h(t)$をインパルス応答（impulse response）と呼ぶ．

そこで，インパルス応答$h(t)$を用いて，任意の入力$x(t)$に対するシステムの応答$y(t)$を求めることを考える．

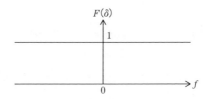

図1.6 δ関数のフーリエ変換

式 (1.32)，(1.37)，(1.40) 及び δ 関数は偶関数であることを用いると，

$$\begin{aligned}
y(t) &= S[x(t)] \\
&= S\left[\int_{-\infty}^{\infty} x(\tau)\delta(t-\tau)d\tau\right] \\
&= \int_{-\infty}^{\infty} x(\tau)S[\delta(t-\tau)]d\tau \\
&= \int_{-\infty}^{\infty} x(\tau)h(t-\tau)d\tau
\end{aligned} \tag{1.41}$$

となる．

式 (1.40) の結果である積分形を $x(t)$ と $h(t)$ のたたみ込み積分と呼び，

$$\begin{aligned}
y(t) &= \int_{-\infty}^{\infty} x(\tau)h(t-\tau)d\tau \\
&= x(t) \otimes h(t)
\end{aligned} \tag{1.42}$$

と表す．式 (1.42) は，システムの応答 $y(t)$ は，入力信号 $x(t)$ とインパルス応答 $h(t)$ のたたみ込み積分で表されることを示している．

式 (1.42) の結論は重要である．すなわち，線形システムの任意の入力信号 $x(t)$ に対する応答 $y(t)$ を求めるには，毎回変わる入力信号をシステムに入力する必要はなく，単位インパルスに対するシステムの応答 $h(t)$ さえ測定しておけば，式 (1.42) によって数学的に求めることが可能であることを，式 (1.42) は示している．

さて，次に式 (1.42) の周波数領域での関係について考察する．

$$x(t) \Leftrightarrow X(f) \tag{1.43}$$

$$y(t) \Leftrightarrow Y(f) \tag{1.44}$$

$$h(t) \Leftrightarrow H(f) \tag{1.45}$$

であるとすると，式 (1.42) より，

$$Y(f) = \int_{-\infty}^{\infty} \left[\int_{-\infty}^{\infty} x(\tau)h(t-\tau)d\tau\right] \exp(-j2\pi ft)dt \tag{1.46}$$

ここで，

$$t - \tau = \eta \tag{1.47}$$

とおくと，式 (1.46) から，

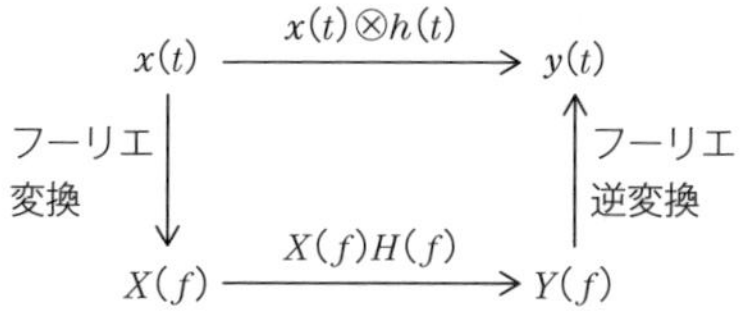

```
         x(t) ⊗ h(t)
   x(t) ─────────────→ y(t)
    │                   ↑
フーリエ                フーリエ
変換 │                   │ 逆変換
    ↓      X(f)H(f)     │
   X(f) ─────────────→ Y(f)
```

図 1.7 システム応答とフーリエ変換の関係

$$Y(f) = \int_{-\infty}^{\infty}\left[\int_{-\infty}^{\infty} x(\tau)h(\eta)d\tau\right]\exp\{-j2\pi f(\tau+\eta)\}d\eta$$

$$= \int_{-\infty}^{\infty} h(\eta)\exp(-j2\pi f\eta)d\eta \int_{-\infty}^{\infty} x(\tau)\exp(-j2\pi f\tau)d\tau$$

$$= H(f)X(f) \tag{1.48}$$

式（1.48）より，時間軸上でのたたみ込み積分操作は，周波数軸上では，単純な積で表せることがわかる．つまり，システムのインパルス応答 $H(f)$ を，周波数領域上で測定しておけば，任意の入力 $x(t)$ に対するシステムの応答 $y(t)$ は，式（1.48）をフーリエ逆変換することにより求めることができる．この様子を表したものが**図 1.7**である．システムの応答を求める経路は，時間軸上でたたみ込み積分を行う上の経路と，$x(t)$ をフーリエ変換して周波数領域上に移して，周波数領域での積操作を行い，その結果に対してフーリエ逆変換を行う経路の 2 通りがある．実際の問題に出会ったときには，両者の比較検討を行い，より簡便な経路を選択すればよい．

1.3 確定信号の相関

1.3.1 集合平均と時間平均

信号の相関についての各種議論に入る前に，重要な概念である集合平均と時間平均について述べておきたい．

ある確率過程を x とする．x の確率密度関数を $p(x)$ としたとき，

$$\overline{x} \equiv \int_{-\infty}^{\infty} xp(x)dx \tag{1.49}$$

を x の集合平均という．例えば，x を本書でしばしば扱うランダム雑音であると仮定すると，x を観測したときの時間軸での波形は，観測する標本ごと

に異なった波形となる．この様子を**図 1.8**に示す．すなわち，図 1.8 における $x_1(t)$, $x_2(t)$, $\cdots x_i(t)$, $\cdots$ は，各観測で測定された雑音波形を表す．これらの波形は標本関数に相当し，観測する度に異なるがその統計的性質は同一である．図 1.8 において，時間 t を $t=t_s$ に固定し，この時間における標本関数の取る値を平均化したものが式（1.49）の集合平均である．確率過程が離散的である場合には，式（1.49）の積分記号は，離散的確率過程が取りうる値についての総和となる．さいころを振った場合の確率過程がその例である．

一方，図 1.8 においてある観測波形（標本関数）$x_i(t)$ を取り上げ，これを時間軸上で平均化したものが時間平均である．すなわち時間平均は，

$$Av[x_i(t)] \equiv \lim_{T \to \infty} \frac{1}{T} \int_{-T/2}^{T/2} x_i(t) dt \tag{1.50}$$

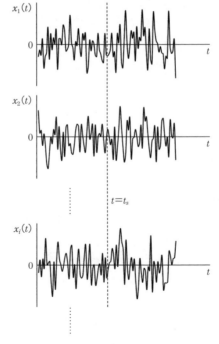

図 1.8 集合平均と時間平均

で定義される．

1.3.2 自己相関関数

$x(t)$ をある定常確率過程を表す関数と仮定する．ここで定常確率過程とは，確率過程の性質が時間によらない，すなわち時間が t から $t+T$ にシフトしても，性質が変わらない確率過程のことである．このとき，

$$\phi(\tau) = \overline{x(t)x(t+\tau)} \qquad (1.51)$$

を $x(t)$ の自己相関関数（autocorrelation function）という．式 (1.51) に示されるように，自己相関関数は，ある時刻 t における x の値 $x(t)$ とそれより τ だけ離れた時刻における x の値 $x(t+\tau)$ の積の集合平均を表す．

自己相関関数は，確率過程 $x(t)$ の τ だけ離れた 2 点における値がどの程度相関を持っているかを表す量である．ここで $x(t)$ が定常的であれば，上記自己相関関数は時間差 τ だけの関数となる．

特別な場合として，τ だけ離れた 2 点の値に全く相関がなく，独立に変化するものとすれば，

$$\phi(\tau) = \overline{x(t)} \cdot \overline{x(t+\tau)} \qquad (1.52)$$

となり，x の時間平均値が 0 であれば，$\phi(\tau) = 0$ となる．

また，$\tau = 0$ とした場合には，

$$\phi(0) = \overline{x(t)^2} = \sigma^2 \qquad (1.53)$$

となる．ただし，σ^2 は $x(t)$ の分散である．すなわち自己相関関数において $\tau = 0$ と置いた $\phi(0)$ は，$x(t)$ の分散を表すことがわかる．

更に自己相関関数の性質についていくつか考察する．

$x(t)$ は定常的であるから，$t \to t-\tau$ としても $\phi(\tau)$ は変わらないから，

$$\phi(\tau) = \overline{x(t)x(t+\tau)} = \overline{x(t-\tau)x(t)} = \varphi(-\tau) \qquad (1.54)$$

すなわち，自己相関関数は τ の偶関数であることがわかる．

次に $\{x(t) - x(t+\tau)\}^2$ の平均をとると，

$$\overline{\{x(t)-x(t+\tau)\}^2} = \overline{x(t)^2} - \overline{2x(t)x(t+\tau)} + \overline{x(t+\tau)^2} = 2\{\phi(0) - \phi(\tau)\} \qquad (1.55)$$

となる．ここで上式の左辺は負になることはないので，式 (1.55) から，

$$\phi(0) \geq \phi(\tau) \qquad (1.56)$$

が成り立つことが示された．

さて，ある確率過程において，その遷移確率密度関数 $p_1(x_2, t_2 | x_1, t_1)$（時刻 $t=t_1$ において $x(t_1)=x_1$ であるような事象のみを集めた部分集合に注目し，このうち $t=t_2$ において $x(t_2)$ が x_2 と $x_2+\Delta x_2$ の間にある確率）が，$t_2 \to \infty$ の極限では最初の状態 x_1 に無関係になるとき，その過程はエルゴード的（ergodic）であるという．

一般にある確率過程がエルゴード的であるときには，任意に取り出した一つの系列がほとんど確実にその確率的構造を代表しているから，確率的な集合平均と，任意の代表的系列についての時間平均は一致する．これはエルゴード過程の重要な性質であり，逆にこのように集合平均と時間平均が一致するような過程をエルゴード的であると考えても良い．

さて，$x(t)$ がエルゴード的であるとした場合，$x(t)$ の自己相関関数についても，

$$\phi(\tau) = \overline{x(t)x(t+\tau)} = \lim_{T\to\infty} \frac{1}{T} \int_{-T/2}^{T/2} x(t)x(t+\tau)dt \tag{1.57}$$

と表せることがわかる．

一例として，

$$x(t) = A\cos(\omega t + \theta) \tag{1.58}$$

で表される周期関数の自己相関関数を考える．ここで A は定数，θ は 0 から 2π まで一様に分布する確率変数とする．

自己相関関数の定義に基づくと，

$$\begin{aligned}\phi(\tau) &= A^2 \overline{\cos(\omega t + \theta)\cos\{\omega(t+\tau)+\theta\}} \\ &= \frac{A^2}{2\pi}\int_0^{2\pi} \cos(\omega t + \theta)\cos\{\omega(t+\tau)+\theta\}d\theta \\ &= \frac{A^2}{2}\cos\omega\tau \end{aligned} \tag{1.59}$$

一方，$\theta = \theta_0$ を有する特定の関数についての時間平均を作ると，

$$\begin{aligned}\phi(\tau) &= \lim_{T\to\infty} \frac{1}{T}\int_{-T/2}^{T/2} A^2\cos(\omega t + \theta_0)\cos\{\omega(t+\tau)+\theta_0\}dt \\ &= \frac{A^2}{2}\cos\omega\tau \end{aligned} \tag{1.60}$$

となり，確かに式 (1.57) が成り立つことが確かめられた．

1.3.3 ウィーナー・ヒンチンの定理

定常的な確率過程を $x(t)$ としたとき，$-T/2 \sim T/2$ の間だけ $x(t)$ の値をとり，それ以外の部分では 0 とした関数 $x_T(t)$ を考える．ただし T は十分長い時間とし，$T \to \infty$ の極限では $x_T(t)$ は $x(t)$ となる．

上記のように定義された $x_T(t)$ について，式 (1.31) で示したフーリエ積分におけるパーセバルの公式を適用すると，

$$\int_{-\infty}^{\infty} |X_T(f)|^2 df = \int_{-\infty}^{\infty} x_T(t)^2 dt \equiv E(T) \tag{1.61}$$

ただしここで，$X_T(f)$ は，$x_T(t)$ の周波数スペクトルである．上式の $E(T)$ は，$x_T(t)$ の二乗を積分したものであるから，1.1.2 節で述べた正規化電力を表している．また，$|X_T(f)|^2$ は，周波数 f と $f+\Delta f$ の間に含まれているエネルギー密度を表しているものと解釈できる．

$x_T(t)$ の定義により，$x_T(t)$ は $-T/2 \sim T/2$ の間の T 秒間だけ存在し，それ以外の時間では 0 であるから，上式を T で割ると，

$$P(T) = \frac{E(T)}{T} = \frac{1}{T}\int_{-\infty}^{\infty} |X_T(f)|^2 df = \frac{1}{T}\int_{-T/2}^{T/2} x_T(t)^2 dt \tag{1.62}$$

となる．ここで $P(T)$ は T 秒間の区間の平均電力を表している．また上式から，$|X_T(f)|^2/T$ は，平均電力の周波数スペクトルであると解釈できる．

実際には式 (1.62) では正の周波数のみを考えれば良いから，$|X_T(f)| = |X_T(-f)|$ を用いると，

$$P(T) = \frac{E(T)}{T} = \int_0^{\infty} \frac{2|X_T(f)|^2}{T} df \tag{1.63}$$

となる．

ここで $T \to \infty$ の極限を考えると，T の増大とともに $x_T(t)$ は $x(t)$ に近づき，全エネルギーは無限に大きくなるが，電力は定常状態である有限値に収束するものであるから，

$$W_x(f) = \lim_{T \to \infty} \frac{2|X_T(f)|^2}{T} \tag{1.64}$$

は有限な値になることが期待される．これを電力スペクトル密度（power spectral density）という．

しかしながら，式（1.64）で定義付けられた量は，確率過程である信号の中の特定の一つについて求められたものであり，信号ごとに変わる確率変数である．そのため，上記の量は $T\to\infty$ のときにも一定値には収束しない．しかしながら，上記信号について起こり得る全ての信号の集合を対象として，式（1.64）の集合平均を考え，

$$W_x(f) = \lim_{T\to\infty} \overline{\frac{2|X_T(f)|^2}{T}} \tag{1.65}$$

によって電力スペクトル密度を定義すれば，この量ははっきりした値に収束するものである．

ここで，式（1.65）にならって $x_T(t)$ について電力スペクトル密度に相当する量を定義し，これを $W_x(f)_T$ と表すこととすると，

$$\begin{aligned}W_x(f)_T &= \frac{2}{T}\overline{|X_T(f)|^2} \\ &= \frac{2}{T}\overline{X_T(f)X_T(f)^*}\end{aligned} \tag{1.66}$$

式（1.66）の $W_x(f)_T$ は，$T\to\infty$ において，$x(t)$ の電力スペクトル密度 $W_x(f)$ となるべき量である．

さて定義から，

$$\begin{aligned}X_T(f) &= \int_{-\infty}^{\infty} x_T(t)\exp(-j2\pi ft)dt \\ &= \int_{-T/2}^{T/2} x(t)\exp(-j2\pi ft)dt\end{aligned} \tag{1.67}$$

であるから，これを式（1.66）に代入すると，

$$\begin{aligned}W_x(f)_T &= \frac{2}{T}\overline{\int_{-T/2}^{T/2} x(t_1)\exp(-j2\pi ft_1)dt_1 \int_{-T/2}^{T/2} x(t_2)\exp(j2\pi ft_2)dt_2} \\ &= \frac{2}{T}\int_{-T/2}^{T/2}\int_{-T/2}^{T/2} \overline{x(t_1)x(t_2)}\exp\{-j2\pi f(t_1-t_2)\}dt_1 dt_2\end{aligned}$$
$$\tag{1.68}$$

ここで $\overline{x(t_1)x(t_2)}$ は既に述べた自己相関関数であり,これは時間差 $\tau = t_1 - t_2$ だけの関数であるから,

$$\overline{x(t_1)x(t_2)} = \overline{x(t_2+\tau)x(t_2)} = \phi(\tau) \tag{1.69}$$

よって,

$$W_x(f)_T = \frac{2}{T}\left[\int_{-T}^{0}\left\{\int_{-\frac{T}{2}-\tau}^{\frac{T}{2}}\phi(\tau)\exp(-j2\pi f\tau)dt_2\right\}d\tau\right.$$
$$\left. + \int_{0}^{T}\left\{\int_{-\frac{T}{2}}^{\frac{T}{2}-\tau}\phi(\tau)\exp(-j2\pi f\tau)dt_2\right\}d\tau\right]$$
$$= \int_{-T}^{T}\left(2-\frac{|\tau|}{T}\right)\phi(\tau)\exp(-j2\pi f\tau)d\tau \tag{1.70}$$

$T \to \infty$ の極限では,式 (1.70) から,

$$W_x(f) = \lim_{T\to\infty}W_x(f)_T = 2\int_{-\infty}^{\infty}\phi(\tau)\exp(-j2\pi f\tau)d\tau \tag{1.71}$$

式 (1.71) はフーリエ変換の関係に他ならない.式 (1.54) より $\phi(\tau)$ は τ の偶関数であるから,

$$W_x(f) = 2\int_{-\infty}^{\infty}\phi(\tau)(\cos 2\pi f\tau - j\sin 2\pi f\tau)d\tau$$
$$= 4\int_{0}^{\infty}\phi(\tau)\cos 2\pi f\tau d\tau \tag{1.72}$$

となることが示される.

一方,式 (1.68) の両辺にフーリエ逆変換を施すと,

$$\int_{-\infty}^{\infty}W_x(f)_T\exp(j2\pi f\tau)df$$
$$= \frac{2}{T}\int_{-T/2}^{T/2}\int_{-T/2}^{T/2}\phi(t_1-t_2)dt_1 dt_2\int_{-\infty}^{\infty}\exp\{j2\pi f(\tau-t_1+t_2)\}df \tag{1.73}$$

ここで式 (1.73) の両辺で $T \to \infty$ の極限を考える.式 (1.39) より,

$$\delta(t) = \int_{-\infty}^{\infty}\exp(j2\pi ft)df \tag{1.74}$$

であることを用いると,

$$\int_{-\infty}^{\infty} W_x(f)\exp(j2\pi f\tau)df$$
$$= \lim_{T\to\infty}\frac{2}{T}\int_{-T/2}^{T/2}\int_{-T/2}^{T/2}\phi(t_1-t_2)\delta(\tau-t_1+t_2)dt_1 dt_2$$
$$= \lim_{T\to\infty}\frac{2}{T}\int_{-T/2}^{T/2}\phi(\tau)dt_1$$
$$= 2\phi(\tau) \qquad (1.75)$$

となる.したがって式 (1.75) より,

$$\phi(\tau)=\frac{1}{2}\int_{-\infty}^{\infty}W_x(f)\exp(j2\pi f\tau)df = \int_{0}^{\infty}W_x(f)\cos(2\pi f\tau)df \quad (1.76)$$

となる.

式 (1.71),(1.76) より,$x(t)$の電力スペクトル密度 $W_x(f)$ と自己相関関数 $\phi(\tau)$ とは,フーリエ変換の形で 1 対 1 の関係で結びつけられていることがわかる.この関係をウィーナー・ヒンチンの定理(Wiener-Khinchine Theorem)という.

参考文献

(1) 瀧保夫,"通信方式,"コロナ社,東京,1963.
(2) S. スタイン,J. J. ジョーンズ原著,関英男,野坂邦史,柳平英孝訳,"現代の通信回線理論,"森北出版,東京,1970.
(3) 福田明,"基礎通信工学,"森北出版,東京,1999.
(4) 安達文幸,"通信システム工学,"朝倉書店,東京,2007.

演習問題

1. 図 1.9 に示す波形 $p(t)$ は,$-T/2 \leq t \leq T/2$ のみに波形が存在する孤立三角波である.すなわち,この波形を数学的に示すと,

$$p(t)=1-\frac{2|t|}{T}, \quad |t|\leq \frac{T}{2} \text{ のとき}$$
$$p(t)=0, \qquad\qquad |t|\geq \frac{T}{2} \text{ のとき}$$

となる.ただし t は時間を表わす.
このとき,$p(t)$ のフーリエ変換 $p(f)$ を求めよ.

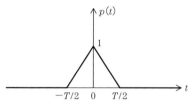

図 1.9 孤立三角波

2. 線形システムを考えたとき，システムの応答 $y(t)$ は，入力信号 $x(t)$ とインパルス応答 $h(t)$ のたたみ込み積分で表わされることが知られている．すなわち，$y(t) = x(t) \otimes h(t)$ が成り立つ（$\otimes$ はたたみ込み積分を表わす）．さて，ここで $x(t)$，$y(t)$，$h(t)$ のフーリエ変換をそれぞれ $X(f)$，$Y(f)$，$H(f)$ として周波数領域で考えたとき，これらの間に単純な積の関係，すなわち $Y(f) = H(f)X(f)$ が成り立つことを，上記の関係（$y(t) = x(t) \otimes h(t)$）を用いて数式によって証明せよ．

3. 単位インパルス応答 $h(t)$ が，
   $h(t) = 1$, $0 \leq t \leq T$ のとき
   $h(t) = 0$, 上記以外の t に対して
   であるようなフィルタの伝達関数 $H(f)$ を求めよ．

4. $x(t)$ をある定常確率過程を表す関数としたとき，$x(t)$ の自己相関関数の定義とその意味するところについて説明せよ．

5. 確率過程 $x(t)$ がエルゴード的であるとはどのようなことかについて説明せよ．

6. 確率過程 $x(t)$ がエルゴード的であるとした場合，その自己相関関数について，一般に，
$$\phi(\tau) = \overline{x(t)x(t+\tau)} = \lim_{T \to \infty} \frac{1}{T} \int_{-T/2}^{T/2} x(t)x(t+\tau)dt$$
が成立することが知られているが，一例として，周期関数 $x(t) = A\cos(\omega t + \theta)$ について上式が成立することを証明せよ．ここで T は $x(t)$ の周期，A, τ は定数，θ は 0 から 2π まで一様に分布する確率変数とする．

第2章

狭帯域信号

本章では,今後の各章で取り扱う雑音の統計的性質について学んでいく.これらの雑音に関する理論の理解はアナログ,ディジタル通信方式の双方で極めて重要であるので,十分に理解されたい.必要に応じて,関連の数学書を参照することも薦める.

2.1　ガウス分布（正規分布）

本章,及びその後の議論で必要となるガウス分布（Gaussian distribution）について簡単に触れておく.ガウス分布は正規分布（normal distribution）とも呼ばれる.

ガウス分布の確率密度関数は,

$$p(x) = \frac{1}{\sqrt{2\pi}\,\sigma} \exp\left[-\frac{(x-\mu)^2}{2\sigma^2}\right] \quad (-\infty < x < \infty) \tag{2.1}$$

と表される.ここで,μ は平均値,σ は標準偏差であり,σ^2 は分散を表す.

図 2.1 に式（2.1）の確率密度関数を計算した例を示す.図 2.1 に示すように,$p(x)$ は平均値 $x=\mu$ を中心に左右対称な曲線となる.

ガウス分布は,自然界に存在する多くの現象に見ることができる分布である.本書で扱う雑音はその典型的な例である.雑音現象は,第1章の図1.8に示すように,個々の変動を見ると観測するごとに異なるものである.しかし,これらの統計的な性質は同一であり,標本関数に対してその集合平均を

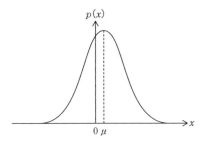

図 2.1 正規分布(ガウス分布)

とすると,極限において,その確率密度関数はガウス分布に従うものである.

2.2 狭帯域信号の表現

第3章以降で信号の伝送方式について考察していくが,その前に狭帯域信号の概念について理解しておくことが必要である.そこで本章では狭帯域信号について考察する[1],[2].

一般に帯域信号 $a(t)$ とは,その周波数スペクトルが $f = \pm f_c$ 付近に集中した信号をいい,次のように表される.

$$a(t) = \rho(t)\cos[2\pi f_c t + \theta(t)] \tag{2.2}$$

ただしここで,f_c は搬送波周波数(carrier frequency)であり,$\rho(t)$ は帯域信号の振幅,$\theta(t)$ は位相である.今後の議論では,帯域信号としては,搬送波を挟む周波数スペクトル帯域幅 B が,搬送波周波数よりも十分に小さいという前提とする.すなわち,

$$B \ll f_c \tag{2.3}$$

と仮定する.このような条件を満足する信号を狭帯域信号と呼ぶ.通信で扱われる信号の大部分はこの形のものであり,本書で対象とする信号も全てこの性質を満たすものである.

さて式(2.2)を展開すると,

$$a(t) = u_r(t)\cos 2\pi f_c t - u_i(t)\sin 2\pi f_c t \tag{2.4}$$

ただしここで,

$$u_r(t) = \rho(t)\cos\theta(t) \tag{2.5}$$

$$u_i(t) = \rho(t)\sin\theta(t) \tag{2.6}$$

であり，$u_r(t)$, $u_i(t)$ は信号の直交成分と呼ばれる．

狭帯域信号においては，上記各パラメータ $\rho(t)$, $\theta(t)$, $u_r(t)$, $u_i(t)$ は，搬送波周波数 f_c に比べて十分ゆっくり変化するものである．この性質は狭帯域信号を考察するうえで重要な点である．

さて，式 (2.2), (2.4) を一般化して，複素帯域信号

$$c(t) = u(t)\exp(j2\pi f_c t) \tag{2.7}$$

を考えると，実数帯域信号 $a(t)$ は次のように表される．

$$a(t) = \mathrm{Re}\{c(t)\} = \mathrm{Re}\{u(t)\exp(j2\pi f_c t)\} \tag{2.8}$$

式 (2.4) と式 (2.8) を比較すると，

$$u(t) = u_r(t) + ju_i(t) \tag{2.9}$$

$u(t)$ はしばしば $a(t)$ の複素包絡線と呼ばれ，

$$u(t) = |u(t)|\exp[j\arg u(t)] = \rho(t)\exp[j\theta(t)] \tag{2.10}$$

ただしここで，

$$\rho(t) = |u(t)| = \sqrt{u_r^2(t) + u_i^2(t)} \tag{2.11}$$

$$\theta(t) = \arg u(t) = \tan^{-1}\frac{u_i(t)}{u_r(t)} \tag{2.12}$$

である．

次に狭帯域信号の周波数スペクトルについて考える．

式 (2.8) をフーリエ変換して，

$$a(t) \Leftrightarrow A(f) \tag{2.13}$$

と表すと，

$$\begin{aligned}A(f) &= \int_{-\infty}^{\infty} a(t)\exp(-j2\pi ft)dt \\ &= \int_{-\infty}^{\infty} \mathrm{Re}\{u(t)\exp(j2\pi f_c t)\}\exp(-j2\pi ft)dt\end{aligned} \tag{2.14}$$

となる．

ここで一般に複素数 z について，

$$\mathrm{Re}\, z = \frac{1}{2}(z+z^*) \tag{2.15}$$

が成り立つことを用いると式 (2.14) は,

$$\begin{aligned}A(f) &= \frac{1}{2}\int_{-\infty}^{\infty}[u(t)\exp(j2\pi f_c t)+u^*(t)\exp(-j2\pi f_c t)] \\ &\quad \exp(-j2\pi ft)dt \\ &= \frac{1}{2}\int_{-\infty}^{\infty}[u(t)\exp\{-j2\pi(f-f_c)t\}+ \\ &\quad u^*(t)\exp\{j2\pi(-f-f_c)t\}]dt\end{aligned} \tag{2.16}$$

となる.
ここで $u(t)$ のフーリエ変換を $U(f)$ とすると,

$$U(f) = \int_{-\infty}^{\infty} u(t)\exp(-j2\pi ft)dt \tag{2.17}$$

であるから, 式 (2.16), (2.17) より,

$$A(f) = \frac{1}{2}U(f-f_c) + \frac{1}{2}U^*(-f-f_c) \tag{2.18}$$

となる.
　$U(f)$ は原点 $f=0$ の付近に集中した低域周波数関数である. 通信理論では, $u(t)$ をベースバンド信号と呼ぶことがあり, $U(f)$ はベースバンド信号のフーリエ変換である. 一方, 帯域信号のフーリエ変換 $A(f)$ は, $f=\pm f_c$ のまわりに集中している. 式 (2.18) より, $A(f)$ は正の周波数成分と負の周波数成

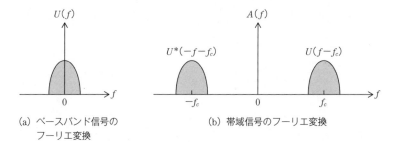

(a) ベースバンド信号のフーリエ変換　　(b) 帯域信号のフーリエ変換

図 2.2 帯域信号のフーリエ変換

分に分けることができることを示している．この様子を**図 2.2** (a), (b) に示す．

2.3 狭帯域雑音

$n(t)$ が狭帯域過程を表す波形であり，その周波数スペクトルが搬送波周波数 f_c の周辺に集まっているとすると，$n(t)$ は，

$$n(t) = x(t)\cos 2\pi f_c t - y(t)\sin 2\pi f_c t \tag{2.19}$$

と表すことができる．ここで $x(t)$ と $y(t)$（雑音の直交成分）は，周波数 f_c の振動に比べて十分にゆっくりと変化する時間関数である．

2.2 節で述べたのと同様に $n(t)$ の複素包絡線 $z(t)$ は，

$$z(t) = x(t) + jy(t) = \rho(t)\exp[j\phi(t)] \tag{2.20}$$

$$\rho(t) = |z(t)| = \sqrt{x^2(t) + y^2(t)} \tag{2.21}$$

$$\phi(t) = \arg z(t) = \tan^{-1}\frac{y(t)}{x(t)} \tag{2.22}$$

を導入すると，

$$n(t) = \mathrm{Re}[z(t)\exp(j2\pi f_c t)] \tag{2.23}$$

と表される．

ここで $n(t)$ の分布がガウス分布であれば，$x(t)$ と $y(t)$ も平均値 0 のガウス分布に従う．更に $x(t)$ と $y(t)$ は任意の時刻において統計的に独立であるから，$x(t)$ と $y(t)$ の結合確率密度関数は，$x(t)$ と $y(t)$ のそれぞれの単変数ガウス関数の積となる．したがって，

$$p(x, y) = \frac{1}{2\pi\sigma^2}\exp\left[-\frac{x^2 + y^2}{2\sigma^2}\right] \tag{2.24}$$

ただしここで，

$$\sigma^2 = \overline{n^2(t)} = \overline{x^2(t)} = \overline{y^2(t)} = \frac{1}{2}\overline{\rho^2(t)} \tag{2.25}$$

は $n(t)$ の総平均電力である．

さて式 (2.20) から，

$$x(t) = \rho(t)\cos\phi(t) \tag{2.26}$$

$$y(t) = \rho(t)\sin\phi(t) \tag{2.27}$$

となる．

ここで微小面積 $dxdy$ はヤコビアンを用いて極座標で表すと，

$$\begin{aligned}
dxdy &= \begin{vmatrix} \dfrac{\partial x}{\partial \rho} & \dfrac{\partial x}{\partial \phi} \\ \dfrac{\partial y}{\partial \rho} & \dfrac{\partial y}{\partial \phi} \end{vmatrix} d\rho d\phi \\
&= \begin{vmatrix} \cos\phi & -\rho\sin\phi \\ \sin\phi & \rho\cos\phi \end{vmatrix} d\rho d\phi \\
&= \rho d\rho d\phi
\end{aligned} \tag{2.28}$$

したがって，ρ, ϕ の結合確率密度関数を $q(\rho,\phi)$ とすると，

$$\begin{aligned}
q(\rho,\phi) d\rho d\phi &= p(x,y)dxdy \\
&= p(\rho\cos\phi, \rho\sin\phi)\rho d\rho d\phi \\
&= \frac{1}{2\pi\sigma^2}\exp\left[-\frac{\rho^2}{2\sigma^2}\right]\rho d\rho d\phi
\end{aligned} \tag{2.29}$$

よって，

$$q(\rho,\phi) = \frac{\rho}{2\pi\sigma^2}\exp\left[-\frac{\rho^2}{2\sigma^2}\right] \tag{2.30}$$

となる．

また，式 (2.30) から明らかなように，$q(\rho,\phi)$ は完全に独立な振幅と位相の項に分けることができ，それぞれを $q_1(\rho), q_2(\phi)$ とすると，

$$q_1(\rho) = \frac{\rho}{\sigma^2}\exp\left(-\frac{\rho^2}{2\sigma^2}\right) \tag{2.31}$$

となり，この ρ の分布をレイリー分布（Rayleigh distribution）という．
また，

$$q_2(\phi) = \frac{1}{2\pi} \tag{2.32}$$

となり，ϕ は位相角が一様に分布した確率密度を持つことを表している．

 図 **2.3** に式 (2.31) で表されるレイリー分布の確率密度関数を示す．図 2.3 からわかるように，レイリー分布は標準偏差 σ の値が大きいほど，確率密

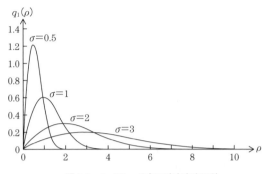

図 2.3 レイリー分布の確率密度関数

度関数が ρ 方向に広がっていく性質を有している．

2.4 狭帯域信号と雑音の共存

さて，信号と雑音が狭帯域の中に同時に含まれている場合を考える．

信号 $s(t)$ を周波数 f_c の正弦波とすると，

$$s(t) = A\cos 2\pi f_c t \tag{2.33}$$

と表すことができる．また 2.2 節で考察したように，雑音が周波数 f_c を中心とした狭帯域雑音であるとすると，信号と雑音の和は次式で表される．

$$e(t) = s(t) + n(t) = [x(t) + A]\cos 2\pi f_c t - y(t)\sin 2\pi f_c t \tag{2.34}$$

上式より，$e(t)$ の包絡線と位相は，以下のように書き表せる．

$$e(t) = \rho(t)\cos[2\pi f_c t + \phi(t)] \tag{2.35}$$

ただしここで，

$$\rho(t) = \sqrt{[x(t)+A]^2 + y^2(t)} \tag{2.36}$$

$$\tan\phi(t) = \frac{y(t)}{x(t)+A} \tag{2.37}$$

ここで式 (2.36) において，

$$\xi(t) = x(t) + A \tag{2.38}$$

とおくと，

$$p(\xi, y) = \frac{1}{2\pi\sigma^2} \exp\left[-\frac{(\xi-A)^2 + y^2}{2\sigma^2}\right] \tag{2.39}$$

となる．式（2.39）において，

$$\xi = \rho\cos\phi \tag{2.40}$$

$$y = \rho\sin\phi \tag{2.41}$$

なる変数変換を行うと，ρ と ϕ はそれぞれ信号と雑音の和の包絡線と位相を表す．結合確率密度関数 $q(\rho, \phi)$ は，2.2 節の議論と同様にして，

$$q(\rho, \phi) = \frac{\rho}{2\pi\sigma^2} \exp\left[-\frac{\rho^2 + A^2 - 2A\rho\cos\phi}{2\sigma^2}\right] \tag{2.42}$$

となる．

ここで $q(\rho, \phi)$ は，2.2 節で述べた狭帯域雑音のように ρ と ϕ の独立な関数の積では表せない．すなわち，A が 0 でない場合には，ρ と ϕ は互いに独立ではないことを式（2.42）は示している．

ρ の確率密度関数 $q_1(\rho)$ は上式を ϕ の全ての値にわたって積分することにより求まり，

$$q_1(\rho) = \frac{\rho}{2\pi\sigma^2} \exp\left[-\frac{\rho^2 + A^2}{2\sigma^2}\right] \int_0^{2\pi} \exp\left[\frac{A\rho\cos\phi}{\sigma^2}\right] d\phi \tag{2.43}$$

となる．ここで，第 1 種 0 次の変形ベッセル関数 $I_0(z)$ を導入すると，ベッセル関数の公式を参照して，

$$I_0(z) = \frac{1}{2\pi} \int_0^{2\pi} \exp(z\cos\theta) d\theta \tag{2.44}$$

であるから，

$$q_1(\rho) = \frac{\rho}{\sigma^2} I_0\left[\frac{A\rho}{\sigma^2}\right] \exp\left[-\frac{\rho^2 + A^2}{2\sigma^2}\right] \tag{2.45}$$

となる．

式（2.45）の分布はライス分布（Rice distribution）あるいは仲上 - ライス分布と呼ばれるものである．**図 2.4** に仲上 - ライス分布の確率密度関数 $q_1(\rho)$ をレイリー分布と比較して示す．図 2.4 からわかるように，仲上 - ライス分布においては，A の値を大きくするほど，分布のピーク値は ρ の大きな値へと移行していく．A は信号 $s(t)$ の振幅であることを思い出すと，A

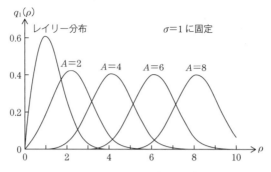

図 2.4 仲上-ライス分布の確率密度関数

を大きくすることは，雑音に対する信号の電力を大きくすることに相当することがわかる．A の値を大きくするほど，雑音を加えた包絡線の振幅値 ρ も雑音分布を伴いながらその中心が ρ の値の大きい領域へと移行していく．詳細な解析によると，A の値が σ に比べて十分に大きい場合には，図 2.4 のピーク値周辺の確率密度関数はガウス分布に極めて近い挙動を示すことが知られている．

参 考 文 献

（1） 瀧保夫，"通信方式，" コロナ社，東京，1963．
（2） S. スタイン，J. J. ジョーンズ原著，関英男，野坂邦史，柳平英孝訳，"現代の通信回線理論，" 森北出版，東京，1970．

演 習 問 題

1. 図 2.3 のレイリー分布の確率密度関数を実際に計算してみよ．
2. 図 2.4 の仲上-ライス分布の確率密度関数を実際に計算してみよ．

第3章

振幅変調方式

　本章では，最も基本的な通信方式である振幅変調方式について学ぶ．振幅変調方式は，最も古くから用いられている変調方式であり，現在でもAMラジオ放送などに用いられている．振幅変調方式に関する理解は，更に複雑な変調方式の理解に必須であるので，本章を熟読して理解を深めていただきたい．

3.1 アナログ変調方式

　通信の目的は，情報源から送出される情報を，遠隔地に存在し情報を必要とする利用者まで運ぶことである．情報を伝送路に載せることのできる形に変換する過程を変調（modulation），その逆に伝送後の信号から元の情報を再現することを復調（demodulation）と呼ぶ．情報をできるだけ効率的な方法により利用者まで送るために，古くから各種の変調方式が検討されてきた．ここで送出したい情報を含んだ信号を変調信号（modulating signal）と呼ぶ．

　変調方式には，変調信号としてアナログ信号を用いるアナログ変調方式[1]~[3]と，ディジタル信号を用いるディジタル変調方式がある．本書の第3章，第4章ではアナログ変調方式について概説し，第5章，第7章ではディジタル変調方式について述べる．

　さて，情報を伝送するための信号としては一般に正弦波が用いられる．これを搬送波信号（carrier signal），あるいは単に搬送波と呼ぶ．ここで搬送

波を，

$$s(t) = A\cos(2\pi f_c t + \phi) \tag{3.1}$$

と仮定する．ここで，A は搬送波の振幅，f_c は周波数，ϕ は位相である．搬送波の振幅，周波数，位相のうち，どれを変調するかによって，以下の3種類の変調方式が考えられる．

①振幅変調（amplitude modulation；AM）方式

　変調信号により A を変化させる変調方式

②周波数変調（frequency modulation；FM）方式

　変調信号により f_c を変化させる変調方式

③位相変調（phase modulation；PM）方式

　変調信号により ϕ を変化させる変調方式

なお，上記の周波数変調方式，位相変調方式を総称して，角度変調（angle modulation）方式と呼ぶこともある．

図3.1 に変調，復調についての基礎的な概念を示す．変調信号によって各種変調を受けた信号は，光ファイバ，同軸ケーブル，自由空間などの伝送路を伝搬し，その後受信端で復調され，元の変調信号が再現される．全ての通信システムは，単純化すると図3.1のような形態になっている．

3.2 通常の振幅変調方式

変調方式のうちで最も単純であり古くから開発されたものが，振幅変調方式である．

3.1節で述べたように，振幅変調方式では，変調信号により上記正弦波の振幅 A に変化を与える．いま変調信号を $v(t)$ とすると，振幅変調を受けた

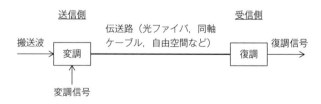

図3.1 変調と復調

搬送波は一般的に以下のように表すことができる．

$$s_{AM}(t) = A_0\{1 + kv(t)\}\cos(2\pi f_c t + \phi) \quad (3.2)$$

ここで k は変調指数（modulation index）と呼ばれる定数である．そのほかの各パラメータの意味は式（3.1）と同様である．

ここで振幅変調についてより直感的に理解するために，式（3.2）の各波形を見てみることとする．まず**図 3.2** に変調信号 $v(t)$ の例を示し，$v(t)$ によって振幅変調信号の波形がどのようになるかについて考察する．**図 3.3** は搬送波の波形である．図3.3 では搬送波周波数は，変調信号の周波数に対してやや高い程度に図示されているが，これは搬送波の波形をわかりやすく図示するためであって，実際には搬送波周波数は変調信号の周波数に対して非常に高く設定されるのが普通である．このとき，$k<1$ と仮定して式（3.2）を計算した一例が**図 3.4** である．図3.4 に示すように，振幅変調された信号では，搬送波の振幅が変調信号の振幅に従って変化する．したがって図3.4に示した包絡線は，変調信号 $v(t)$ に比例して変化している．後述する包絡線検波方式は，この包絡線の変動をそのまま出力することにより復調を行うものである．

変調指数 k は図3.4 に示すように，通常1以下に設定される．もし変調指数が1を越えた場合には，**図 3.5** に示すように，振幅変調信号に大きな歪み

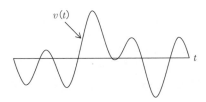

図 3.2 変調信号波形例

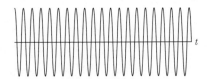

図 3.3 搬送波波形

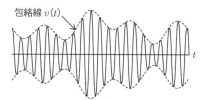

図 3.4 振幅変調信号（$k<1$ の場合）

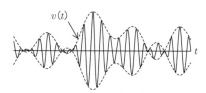

図 3.5 振幅変調信号（$k>1$ の場合）

を生じる．このような状態を過変調（overmodulation）という．過変調の状態では，正しく復調することが困難であるため，通常は $k<1$ として変調が行われる．

さて，解析を簡単にするために変調信号を正弦波であると仮定して，
$$v(t)=\cos(2\pi f_m t+\theta) \tag{3.3}$$
とおき，式（3.2）で $\phi=0$ とおくと，振幅変調を受けた信号は，

$$\begin{aligned}s_{AM}(t)&=A_0\{1+k\cos(2\pi f_m t+\theta)\}\cos 2\pi f_c t\\&=A_0\cos 2\pi f_c t+\frac{A_0 k}{2}\cos\{2\pi(f_c+f_m)t+\theta\}\\&\quad+\frac{A_0 k}{2}\cos\{2\pi(f_c-f_m)t-\theta\}\end{aligned} \tag{3.4}$$

と表せる．

式（3.4）の第 1 項は，変調を受けていない元の搬送波成分そのものであり，第 2 項，第 3 項は，それぞれ周波数が f_c+f_m と f_c-f_m である正弦波を表しており，その振幅は変調指数に比例している．上記第 2 項，第 3 項の成分をそれぞれ，上側波帯（upper sideband），下側波帯（lower sideband）と呼ぶ．周波数軸上における各成分の周波数スペクトルを**図 3.6** に示す．

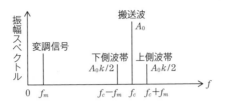

図 3.6 振幅変調波の振幅スペクトル

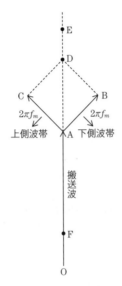

図 3.7 各成分のベクトル図

　次に，搬送波，上側波帯，下側波帯の関係について理解を深めるために，**図 3.7** に示すようなベクトル図を考える．図 3.7 において，$\overrightarrow{OA}$ は搬送波を，また $\overrightarrow{AB}$，$\overrightarrow{AC}$ はそれぞれ，下側波帯，上側波帯をそれぞれ示しており，$\overrightarrow{AB}$ は時計回りに，$\overrightarrow{AC}$ は半時計回りにそれぞれ角速度 $2\pi f_m$ で回転している．

　その結果，$\overrightarrow{OA}$，$\overrightarrow{AB}$，$\overrightarrow{AC}$ を合成後のベクトル $\overrightarrow{OD}$ は，OE と OF の間を直線状に往復運動するベクトルとなる．このことからも，振幅変調波においては振幅のみが変動するということがわかる．

3.3 振幅変調信号の周波数スペクトル

振幅変調信号の周波数スペクトルを求めてみよう．

一般に変調信号 $v(t)$ は任意の波形であるから，これをフーリエ変換 $V(f)$ で表すと，

$$V(f) = \int_{-\infty}^{\infty} v(t) \exp(-j2\pi ft) dt \tag{3.5}$$

$$v(t) = \int_{-\infty}^{\infty} V(f) \exp(j2\pi ft) df \tag{3.6}$$

となる．

まず $v(t)$ は実関数であると仮定する．この場合のフーリエ変換 $V(f)$ の性質について考える[1]．

式 (3.5) より，

$$\begin{aligned} V(f) &= \int_{-\infty}^{\infty} v(t)(\cos 2\pi ft - j\sin 2\pi ft) dt \\ &= \int_{-\infty}^{\infty} v(t)\cos 2\pi ft\, dt - j\int_{-\infty}^{\infty} v(t)\sin 2\pi ft\, dt \end{aligned} \tag{3.7}$$

となる．

$V(f)$ を振幅と位相で，

$$V(f) = |V(f)| \exp\{j\theta(f)\} \tag{3.8}$$

$$\theta(f) = \arg V(f) \tag{3.9}$$

と表し，また記号 * が複素共役を表すものとすると，式 (3.7)～(3.9) より，

$$V(f) = V(-f)^* \tag{3.10}$$

$$|V(f)| = |V(-f)| \tag{3.11}$$

$$\theta(f) = -\theta(-f) \tag{3.12}$$

が成り立つことがわかる．

式 (3.6) は，

$$v(t) = \int_{-\infty}^{\infty} V(f)\exp(j2\pi ft)df$$

$$= \int_{-\infty}^{0} V(f)\exp(j2\pi ft)df + \int_{0}^{\infty} V(f)\exp(j2\pi ft)df$$

$$= \int_{0}^{\infty} V(-f)\exp(-j2\pi ft)df + \int_{0}^{\infty} V(f)\exp(j2\pi ft)df \quad (3.13)$$

更に，式 (3.8)，(3.10)〜(3.12) を用いると，

$$v(t) = \int_{0}^{\infty} |V(-f)|\exp\{j\theta(-f)\}\exp(-j2\pi ft)df$$

$$+ \int_{0}^{\infty} |V(f)|\exp\{j\theta(f)\}\exp(j2\pi ft)df$$

$$= \int_{0}^{\infty} |V(f)|\exp\{-j\theta(f)\}\exp(-j2\pi ft)df$$

$$+ \int_{0}^{\infty} |V(f)|\exp\{j\theta(f)\}\exp(j2\pi ft)df$$

$$= \int_{0}^{\infty} 2|V(f)|\cos\{2\pi ft + \theta(f)\}df \quad (3.14)$$

となることが示される．

ここで，
$$C(f) = 2|V(f)| \quad (3.15)$$

とおくと，式 (3.11)，(3.14) より，
$$C(f) = C(-f) \quad (3.16)$$

$$v(t) = \int_{0}^{\infty} C(f)\cos\{2\pi ft + \theta(f)\}df \quad (3.17)$$

となる．

式 (3.17) は，実関数 $v(t)$ とその周波数スペクトル $C(f)$ の関係を表わしている．式 (3.17) においては，f に関する積分区間が $0 \sim \infty$ になっている．すなわち $C(f)$ の積分区間は正の周波数に対して設定されている点に注意されたい．

さて，振幅変調された信号を上記 $C(f)$ で表わすと，解析を簡単にするために式 (3.2) において $\phi = 0$ とおいて，

$$s_{AM}(t) = A_0 \left\{ 1 + k \int_0^\infty C(f)\cos\{2\pi ft + \theta(f)\} df \right\} \cos 2\pi f_c t$$

$$= A_0 \cos 2\pi f_c t + \frac{A_0 k}{2} \int_0^\infty C(f)\cos\{2\pi (f_c+f)t + \theta(f)\} df$$

$$+ \frac{A_0 k}{2} \int_0^\infty C(f)\cos\{2\pi (f_c-f)t - \theta(f)\} df \qquad (3.18)$$

となる．式（3.18）の各項は，それぞれ搬送波，上側波帯，下側波帯に対応し，各項の周波数スペクトルは，**図3.8**のようになる．以下にその証明を示す．

式（3.18）の第2項を $s_{AM,U}(t)$ とすると，

$$s_{AM,U}(t) = \frac{A_0 k}{2} \int_0^\infty C(f)\cos\{2\pi (f_c+f)t + \theta(f)\} df$$

$$= \frac{A_0 k}{2} \int_{f_c}^\infty C(f-f_c)\cos\{2\pi ft + \theta(f-f_c)\} df \qquad (3.19)$$

となる．式（3.19）を式（3.17）と比較することにより，$s_{AM,U}(t)$ の周波数スペクトルは，$C(f)$ を周波数軸上で f_c だけ正の方向にシフトさせ，その振幅を $(A_0 k/2)$ 倍したものであることがわかる．

同様に式（3.18）の第3項を $s_{AM,L}(t)$ とすると，

$$s_{AM,L}(t) = \frac{A_0 k}{2} \int_0^\infty C(f)\cos\{2\pi (f_c-f)t - \theta(f)\} df$$

$$= \frac{A_0 k}{2} \int_{-\infty}^{f_c} C(f_c-f)\cos\{2\pi ft - \theta(f_c-f)\} df \qquad (3.20)$$

となり，$s_{AM,L}(t)$ の周波数スペクトルは，$C(f)$ を周波数軸上で反転させ，f_c だけ正の方向にシフトさせ，その振幅を $(A_0 k/2)$ 倍したものであること

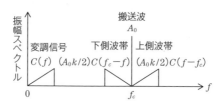

図3.8 振幅変調波の振幅スペクトル

がわかる．

　上記計算は $v(t)$ が実関数であると仮定して行ったが，これをより一般化することも可能である．そこで，式 (3.2) のフーリエ変換を求める．$s_{AM}(t) \Leftrightarrow S_{AM}(f)$，$v(t) \Leftrightarrow V(f)$，$\phi=0$ として，

$$\begin{aligned}S_{AM}(f) &= \int_{-\infty}^{\infty} A_0 \left\{1 + k\int_{-\infty}^{\infty} V(\eta)\exp(j2\pi\eta t)d\eta\right\}\cos 2\pi f_c t \\ &\quad \cdot \exp(-j2\pi ft)dt \\ &= \int_{-\infty}^{\infty} A_0 \frac{\exp(j2\pi f_c t)+\exp(-j2\pi f_c t)}{2}\cdot \exp(-j2\pi ft)dt \\ &\quad + \int_{-\infty}^{\infty} A_0 kV(\eta)d\eta \int_{-\infty}^{\infty} \exp(j2\pi\eta t) \\ &\quad \frac{\exp(j2\pi f_c t)+\exp(-j2\pi f_c t)}{2}\cdot \exp(-j2\pi ft)dt\end{aligned} \tag{3.21}$$

ここで，既に第1章の式 (1.39) に示したフーリエ変換の性質である，

$$\delta(t) = \int_{-\infty}^{\infty} \exp(j2\pi ft)df \tag{3.22}$$

において，f と t を入れ替えた，

$$\delta(f)\int_{-\infty}^{\infty} \exp(j2\pi ft)dt \tag{3.23}$$

及び δ 関数が偶関数であることを用いると，式 (3.21) は，

$$\begin{aligned}S_{AM}(f) &= \frac{A_0}{2}[\delta(f-f_c)+\delta(f+f_c)] \\ &\quad + \frac{A_0 k}{2}\int_{-\infty}^{\infty} V(\eta)[\delta(\eta+f_c-f)+\delta(\eta-f_c-f)]d\eta\end{aligned} \tag{3.24}$$

となる．更に第1章，式 (1.37)

$$\int_{-\infty}^{\infty} f(x)\delta(x-x_1)dx = f(x_1) \tag{3.25}$$

を用いると，

$$S_{AM}(f) = \frac{A_0}{2}[\delta(f-f_c) + \delta(f+f_c)] + \frac{A_0 k}{2}[V(f-f_c) + V(f+f_c)] \tag{3.26}$$

となる．

すなわち式 (3.26) より，$\frac{A_0}{2}\delta(f-f_c)$ は搬送波，また $\frac{A_0 k}{2} V(f-f_c)$ は側波帯の正周波数における周波数スペクトル密度を表し，ほかの2項はそれらに対応する負周波数成分となる．

3.4 振幅変調信号の電力

変調信号が正弦波の場合を考えると，式 (3.4) より搬送波の電力 P_c は，

$$P_c = \frac{A_0^2}{2} \tag{3.27}$$

また，側波帯の電力 P_s は上下合わせて，

$$P_s = \frac{A_0^2 k^2}{8} \times 2 = \frac{A_0^2 k^2}{4} \tag{3.28}$$

となる．側波帯の電力は $k=1$ のときに最大となり，その値は，

$$P_{s,\max} = \frac{A_0^2}{4} \tag{3.29}$$

となる．一方，搬送波の電力は，変調指数によらず式 (3.27) で与えられるが，これは搬送波が変調情報を含んでいないためであり，真に変調情報を含んでいるのは側波帯である．式 (3.27), (3.28) より，側波帯の電力は最大でも搬送波電力の1/2，すなわち全電力の1/3にすぎないことがわかる．すなわち，振幅変調は電力的にいうと極めて効率の悪い変調方式である．

また式 (3.4) を参照すると，これは振幅が時間的に変動している波形であることがわかる．その瞬時電力 $p(t)$ を考えると，

$$p(t) = \frac{A_0^2 \{1 + k\cos(2\pi f_m t + \theta)\}^2}{2} \tag{3.30}$$

となるから，瞬時最大電力 $p_{\max}$ は，

$$p_{\max} = \frac{A_0^2(1+k)^2}{2} \tag{3.31}$$

となる．上式の最大値は $k=1$ のときに起в，このとき $p_{\max}$ は，

$$p_{\max} = 2A_0^2 \tag{3.32}$$

となる．すなわち，ピーク電力は搬送波平均電力の4倍にもなることがわかる．このように振幅変調においては，搬送波は情報伝送に直接的に寄与していないにもかかわらず，電力的には相当な部分を占めている．そこで搬送波は伝送せずに，受信側で必要に応じて生成させる方式も考えられる．このような方式を搬送波抑圧振幅変調方式というが，これについては後述する．

3.5 振幅変調信号の変復調

次に振幅変調の変復調方法について述べる．なお，本書では変復調に関しての基礎的な概念を習得することを目的としているため，本章に限らず具体的な回路構成については，原則として詳述しない．具体的な回路構成については，それぞれの専門書を参照されたい．

さて，振幅変調信号を作成するには，式 (3.2) から明らかなように，$\{1+kv(t)\}$ と $\cos 2\pi f_c t$ の積を作ればよい．上記の1の部分は定数であるから，結局のところ，変調信号 $v(t)$ と搬送波 $\cos 2\pi f_c t$ の積を作れば良いことがわかる．積を作る方法として最も一般的なものは，非線形素子を利用するものである．

一般に任意の非線形素子に二つの信号を加えると，その積の成分が現れる．このことを以下に証明しておく．

$$y = a_0 + a_1 x + a_2 x^2 + a_3 x^3 + \cdots \tag{3.33}$$

のようなべき級数で非線形素子の特性を近似し，入力 x として，

$$x = v(t) + A_0 \cos 2\pi f_c t \tag{3.34}$$

を入力すると，

$$\begin{aligned}
y &= a_0 + a_1\{v(t) + A_0\cos 2\pi f_c t\} + a_2\{v(t) + A_0\cos 2\pi f_c t\}^2 \\
&\quad + a_3\{v(t) + A_0\cos 2\pi f_c t\}^3 + \cdots \\
&= a_0 + a_1 v(t) + a_1 A_0 \cos 2\pi f_c t + a_2 v(t)^2 + a_2 A_0^2 \cos^2 2\pi f_c t \\
&\quad + 2a_2 A_0 v(t)\cos 2\pi f_c t \\
&\quad + a_3 v(t)^3 + a_3 A_0^3 \cos^3 2\pi f_c t + 3a_3 A_0 v(t)^2 \cos 2\pi f_c t \\
&\quad + 3a_3 A_0^2 v(t) \cos^2 2\pi f_c t + \cdots \\
&= a_0 + a_1 v(t) + a_2 v(t)^2 + \frac{a_2 A_0^2}{2} + a_3 v(t)^3 + \frac{3}{2} a_3 A_0^2 v(t) \\
&\quad + a_1 A_0 \cos 2\pi f_c t + 2a_2 A_0 v(t) \cos 2\pi f_c t \\
&\quad + \frac{3}{4} a_3 A_0^3 \cos 2\pi f_c t + 3a_3 A_0 v(t)^2 \cos 2\pi f_c t + \frac{a_2 A_0^2}{2} \cos 4\pi f_c t \\
&\quad + \frac{3}{2} a_3 A_0^2 v(t) \cos 4\pi f_c t + \frac{1}{4} a_3 A_0^3 \cos 6\pi f_c t + \cdots \quad (3.35)
\end{aligned}$$

となる.式 (3.35) においては,直流分を始めに置き,徐々に周波数の低いものから並ぶように整理した.また,式 (3.35) の導出にあたっては,三角関数の公式

$$\cos^3 x = \frac{1}{4}\cos 3x + \frac{3}{4}\cos x \quad (3.36)$$

を用いた.

式 (3.35) は直流成分から,搬送波周波数成分,更には搬送波周波数の高調波成分をそれぞれ含んでいるが,ここで対象とすべきなのは搬送波周波数成分であるから,非線形素子出力のうち搬送波周波数成分のみを帯域通過フィルタで取り出すとすれば,フィルタ出力は式 (3.35) より,

$$f(t) = \left[\left(a_1 A_0 + \frac{3}{4} a_3 A_0^3\right) + 2a_2 A_0 v(t) + 3a_3 A_0 v(t)^2\right]\cos 2\pi f_c t \quad (3.37)$$

となり,振幅変調された波を表していることがわかる.このような変調方法を乗積変調という.

式 (3.37) において,$2a_2 A_0 v(t)$ を含む項は,$v(t)$ で振幅変調された信号を表しているが,$3a_3 A_0 v(t)^2$ の項は,歪みとなって現れる項である.このよ

うな歪みを変調歪みと呼んでおり，本来は $v(t)$ の高次の項は含まれるべきではないが，乗積変調では本質的に避けて通れないものである．

次に，このように振幅変調を受けた信号から元の変調信号 $v(t)$ を復調する方法を考える．

式 (3.2) に示される振幅変調信号において $\phi=0$ とし，搬送波と同じ周波数と位相を有する波 $\cos 2\pi f_c t$ を掛け算すると，

$$\begin{aligned}s_{AM,dem}(t) &= s_{AM}(t)\cos 2\pi f_c t \\ &= A_0\{1+kv(t)\}\cos^2 2\pi f_c t \\ &= \frac{A_0}{2}+\frac{A_0}{2}kv(t)+\frac{A_0}{2}\{1+kv(t)\}\cos 4\pi f_c t \end{aligned} \quad (3.38)$$

となる．ここでフィルタによって搬送波の2倍の周波数成分を取り除くと，$v(t)$ に比例した成分が残り，変調波が復調できることがわかる．

しかしながら，もし掛け算すべき搬送波成分 $\cos 2\pi f_c t$ の位相がずれて，$\cos(2\pi f_c t+\varphi)$ となった場合には，

$$\begin{aligned}s_{AM,dem1}(t) &= A_0\{1+kv(t)\}\cos 2\pi f_c t\cos(2\pi f_c t+\varphi) \\ &= \frac{A_0}{2}\{1+kv(t)\}\cos\varphi+\frac{A_0}{2}\{1+kv(t)\}\cos(4\pi f_c t+\varphi)\end{aligned}$$
$$(3.39)$$

となるため，φ の値によって復調出力が変化し，$\varphi=\pi/2$ のときには，復調出力が0になってしまう．したがって，復調出力を最大にするためには，搬送波と掛け算する波とは位相まで含めて同期している必要がある．

上記のような復調方法を，同期検波（synchronous detection），あるいは同期復調（synchronous demodulation）という．同期検波の基本構成を**図3.9**に示す．図3.9に示すように，掛け算処理するための周波数 f_c の周波数成分

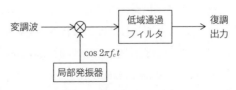

図 3.9 同期検波（同期復調）

を発生させる発振器を局部発振器という．

　一方，復調は変調信号を任意の非線形素子に通しても行うことができる．すなわち，非線形素子の特性を，

$$y = a_0 + a_1 x + a_2 x^2 + a_3 x^3 + \cdots \tag{3.40}$$

とした場合に，

$$x = A_0\{1 + kv(t)\}\cos 2\pi f_c t \tag{3.41}$$

を代入すると，

$$\begin{aligned}
y =\ & a_0 + a_1 A_0\{1 + kv(t)\}\cos 2\pi f_c t + a_2 A_0^2\{1 + kv(t)\}^2 \cos^2 2\pi f_c t \\
& + a_3 A_0^3\{1 + kv(t)\}^3 \cos^3 2\pi f_c t + \cdots \\
=\ & a_0 + a_2 \frac{A_0^2}{2} + a_2 A_0^2 kv(t) + a_2 \frac{A_0^2}{2} k^2 v(t)^2 \\
& + a_1 A_0\{1 + kv(t)\}\cos 2\pi f_c t + a_3 \frac{3A_0^3}{4}\{1 + kv(t)\}^3 \cos 2\pi f_c t \\
& + a_2 \frac{A_0^2}{2}\{1 + kv(t)\}^2 \cos 4\pi f_c t + a_3 \frac{A_0^3}{4}\{1 + kv(t)\}^3 \cos 6\pi f_c t + \cdots
\end{aligned} \tag{3.42}$$

となる．ここで式 (3.42) の第 1 行は低周波成分，第 2 行は搬送波周波数成分，第 3 行以下は搬送波の高調波成分をそれぞれ表している．

　フィルタで低周波成分のみを取り出すとして，直流分は除去するとすれば，復調成分 $s_{AM,dem2}(t)$ は，

$$s_{AM.dem2}(t) = a_2 A_0^2 kv(t) + a_2 \frac{A_0^2}{2} k^2 v(t)^2 \tag{3.43}$$

となる．式 (3.43) の第 1 項は変調信号に比例する成分，第 2 項は歪み成分である．この場合，変調度が低ければ第 2 項は小さくなるが，これを取り除くことは困難である．

　上記の検討でわかるように，復調に有効に働いているのは，非線形素子の 2 次の項であるため，非線形素子としては二乗特性のもので十分である．このような二乗特性を利用した復調法を，二乗検波（square law detection），あるいは二乗復調（square law demodulation）という．

　また，振幅変調信号の復調は信号の包絡線に比例した成分を取り出すこと

によっても可能であり，これを包絡線検波（envelope detection），あるいは包絡線復調（envelope demodulation）という．

図 **3.10** は包絡線検波を行うための回路例である．図 3.10 に示すように，振幅変調波はまずダイオードによって半波整流される．そして，後段の C と R により構成される低域通過フィルタによって搬送波成分以上の高周波成分が除去された結果，変調信号に比例した包絡線成分が得られることになる．図 3.4 に示したような振幅変調信号に対して，図 3.10 に示した包絡線検波器を適用した場合の出力信号の様子を図 **3.11** に示す．図 3.10 に示すような包絡線検波器は，振幅変調信号の最も簡単な復調手段であり，古くから AM ラジオ放送の受信器として知られている，ゲルマニウムラジオの回路構成と同一である．

3.6　両側波帯変調方式

これまで述べてきた通常の振幅変調方式においては，変調信号の伝送には必ずしも必要のない搬送波が電力的にも大きな割合を占めており，情報伝送の電力効率の点で問題であった．このような問題を解決するために，搬送波を除去しても伝送可能な振幅変調方式が古くから検討されてきた．そこで本節では，このような変調方法について考えることにする．

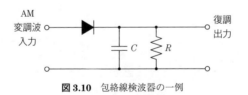

図 **3.10**　包絡線検波器の一例

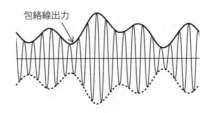

図 **3.11**　包絡線検波器の出力信号

変調信号 $v(t)$ で搬送波 $A_0\cos 2\pi f_c t$ を振幅変調し，変調波

$$s_{AM1}(t) = A_0\{1 + kv(t)\}\cos 2\pi f_c t \tag{3.44}$$

を得る．全く同様の変調器を用いて変調信号の位相だけを逆相にすると，変調波

$$s_{AM2}(t) = A_0\{1 - kv(t)\}\cos 2\pi f_c t \tag{3.45}$$

が得られるから，両者の差をとると，

$$s_{DSB}(t) = s_{AM1}(t) - s_{AM2}(t) = 2A_0 kv(t)\cos 2\pi f_c t \tag{3.46}$$

となる．上式からこの波は搬送波抑圧振幅変調 (suppressed-carrier amplitude modulation) 波に相当することがわかる．このような変調方式を，両側波帯 (DSB；double-sideband) 変調といい，正確には，搬送波を抑圧する変調方式であるから，DSB-SC (double-sideband suppressed-carrier) 変調方式ということもある．

上記原理によって搬送波抑圧振幅変調波を生成するための変調器を平衡変調器 (balanced modulator) と呼ぶ．平衡変調器の構成図を**図 3.12** に示す．

このように搬送波を抑圧した変調波を通信に利用することにより，一般の振幅変調で問題であった送信電力に関する非効率性の問題を解決することが可能である．

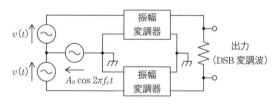

図 3.12 平衡変調器

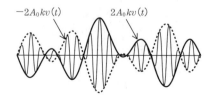

図 3.13 DSB 変調波

DSB 信号の変調波形例を**図3.13**に示す．図3.13からわかるように，DSB 信号の包絡線は，変調信号そのものを表しているわけではない．したがって DSB 信号を包絡線検波しても復調することはできない．DSB 信号の復調には，既に述べた同期検波（復調）方式が用いられる．

3.7 単側波帯変調方式

これまでの議論で明らかなように，振幅変調において情報の伝送を担っているのは側波帯である．また，3.2節の議論で明らかなように，上下の側波帯はその振幅，位相の点で常に一定の関係を有している．したがって，情報伝送のためには，上下の側波帯のうち，その一方を送れば十分なはずである．そのようにすることにより，送信電力の節約になるばかりではなく，周波数帯域が半分で済むということも容易に想像できる．このような方式を，単側波帯（single-sideband；SSB）変調方式という．

変調信号を式 (3.17) に従って，

$$v(t) = \int_0^\infty C(f)\cos\{2\pi f t + \theta(f)\}df \tag{3.47}$$

とすると，その上側波帯は式 (3.19) より，

$$s_{SSB}(t) = \frac{A_0 k}{2}\int_0^\infty C(f)\cos\{2\pi(f_c+f)t + \theta(f)\}df \tag{3.48}$$

となる．このような信号が伝送されたとき，これを復調するには，先に述べた同期検波を用いることができる．すなわち，上記信号の搬送波に相当する正弦波の局部発振信号 $\cos(2\pi f_c t + \varphi)$ を受信側で作り，これと受信信号 $s_{SSB}(t)$ の積を作ると，

$$\begin{aligned}
s_{SSB,dem}(t) &= s_{SSB}(t)\cos(2\pi f_c t + \varphi) \\
&= \frac{A_0 k}{2}\int_0^\infty C(f)\cos\{2\pi(f_c+f)t + \theta(f)\}\cos(2\pi f_c t + \varphi)df \\
&= \frac{A_0 k}{4}\int_0^\infty C(f)\cos\{2\pi f t + \theta(f) - \varphi\}df \\
&\quad + \frac{A_0 k}{4}\int_0^\infty C(f)\cos\{2\pi(2f_c+f)t + \theta(f) + \varphi\}df \tag{3.49}
\end{aligned}$$

となる．式 (3.49) を見ると，第 1 項は位相角 φ の表示を除けば式 (3.47) の $v(t)$ と同一である．すなわち，局発信号が位相角まで完全に搬送波と一致していれば，完全に変調信号 $v(t)$ が復調されることがわかった．また式 (3.49) の第 2 項は搬送波成分の 2 倍の周波数付近に生じる成分であり，これは電気フィルタで簡単に除去することが可能である．以上の周波数軸上での関係を，**図 3.14** に示す．

上記議論は，上側波帯に対して行ったが，下側波帯についても同様である．

次に，SSB 変調波を生成するための方法について述べる．**図 3.15** は SSB 変調波を生成するための回路のブロック図である．ここでは，解析を簡単にするため変調信号を単一周波正弦波 $v(t) = \cos(2\pi f_m t + \theta)$ とすると，図 3.15 における平衡変調器 No.1 の出力は，

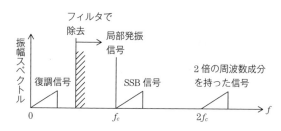

図 3.14 単側波帯変調波の復調

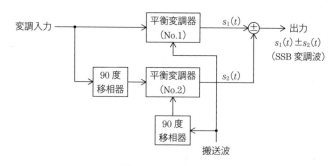

図 3.15 SSB 変調回路

$$s_1(t) = A_0 k \cos(2\pi f_m t + \theta)\cos 2\pi f_c t$$
$$= \frac{A_0 k}{2}\cos\{2\pi(f_c + f_m)t + \theta\} + \frac{A_0 k}{2}\cos\{2\pi(f_c - f_m)t - \theta\}$$
$$(3.50)$$

となる．一方，平衡変調器 No.2 には，搬送波，変調信号ともに，$\pi/2$ だけ位相が遅れて入力するため，その出力は，

$$s_2(t) = \frac{A_0 k}{2}\cos\{2\pi(f_c + f_m)t + \theta - \pi\} + \frac{A_0 k}{2}\cos\{2\pi(f_c - f_m)t - \theta\}$$
$$= -\frac{A_0 k}{2}\cos\{2\pi(f_c + f_m)t + \theta\} + \frac{A_0 k}{2}\cos\{2\pi(f_c - f_m)t - \theta\}$$
$$(3.51)$$

式 (3.50)，(3.51) より，
$$s_1(t) \pm s_2(t) = A_0 k \cos\{2\pi(f_c \mp f_m)t \mp \theta\} \tag{3.52}$$

すなわち，$s_1(t)$ と $s_2(t)$ の和をとれば下側波帯のみが得られ，両者の差をとれば上側波帯のみが得られることから，図 3.15 に示した回路により SSB 変調波が得られることがわかった．

3.8 残留側波帯通信

変調信号周波数が f_1 から f_2 まで存在し，f_1 がある程度大きい場合には，3.7 節で述べた単側波帯通信が可能である．すなわち，f_1 の値としてフィルタで上側波帯または下側波帯を選択可能なレベルであれば，単側波帯通信方式が利用可能である．

それに対して，f_1 が低いため，単側波帯通信方式には向かないが，f_2 が高いため，一方の側波帯を抑圧することが帯域利用効率の増大につながる場合には，その折衷案として低周波成分は両側波帯，高周波成分は単側波帯として伝送することが行われる．このような通信方式を残留側波帯（vestigial sideband；VSB）変調方式と呼ぶ．

古くから長い間利用されてきたアナログテレビジョン伝送方式においては，$f_1 = 30$ Hz，$f_2 = 4.5$ MHz 程度となっており，VSB 方式を適用するのに適した条件である．

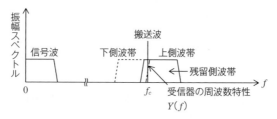

図 3.16 残留側波帯変調方式

　残留側波帯伝送においては，**図 3.16** に示すように，下側波帯の一部（変調信号の低周波成分に相当する部分）と上側波帯の全部を，残留側波帯として伝送する．受信機では，図 3.16 に示すように，搬送波の周波数 f_c に対して逆特性のフィルタ $Y(f)$ を用いて復調する．

　上述したような残留側波帯通信方式によって，正しく伝送ができることを以下に示す．

　解析の前段階として，振幅変調波が任意の伝達特性をもった回路を通過したときの，振幅特性，位相特性について論じておく．以下の議論では，計算を簡単にするため，変調信号を単一正弦波と仮定し，それに相当する一対の側波帯のみに注目する．

　すなわち，振幅変調信号を，

$$\begin{aligned}
s_{AM}(t) &= A_0\{1 + k\cos(2\pi f_m t + \theta)\}\cos 2\pi f_c t \\
&= A_0\cos 2\pi f_c t + \frac{A_0 k}{2}\cos\{2\pi(f_c + f_m)t + \theta\} \\
&\quad + \frac{A_0 k}{2}\cos\{2\pi(f_c - f_m)t - \theta\}
\end{aligned} \tag{3.53}$$

とする．また回路の伝達関数を $Y(f)$ とし，解析を簡単にするために，

$$Y(f_c) = Y_0 \exp(j\phi_0) \tag{3.54}$$
$$Y(f_c + f_m) = Y_{+p} \exp\{j(\phi_0 + \phi_{+p})\} \tag{3.55}$$
$$Y(f_c - f_m) = Y_{-p} \exp\{j(\phi_0 + \phi_{-p})\} \tag{3.56}$$

とおく．ここで，Y_0，Y_{+p}，Y_{-p} は伝達関数の絶対値であり実数である．

　式 (3.53) の信号が式 (3.54)〜(3.56) で記述される回路を通った出力 $s_{AM-Y}(t)$ は，

$$\begin{aligned}
s_{AM-Y}(t) = & Y_0 A_0 \cos(2\pi f_c t + \phi_0) \\
& + \frac{Y_{+p} A_0 k}{2} \cos\{2\pi(f_c+f_m)t + \theta + \phi_0 + \phi_{+p})\} \\
& + \frac{Y_{-p} A_0 k}{2} \cos\{2\pi(f_c-f_m)t - \theta + \phi_0 + \phi_{-p})\} \\
= & Y_0 A_0 \Big[1 + \frac{y_{+p} k}{2} \cos(2\pi f_m t + \theta + \phi_{+p}) \\
& + \frac{y_{-p} k}{2} \cos(2\pi f_m t + \theta - \phi_{-p})\Big] \cos(2\pi f_c t + \phi_0) \\
& + Y_0 A_0 \Big[- \frac{y_{+p} k}{2} \sin(2\pi f_m t + \theta + \phi_{+p}) \\
& + \frac{y_{-p} k}{2} \sin(2\pi f_m t + \theta - \phi_{-p})\Big] \sin(2\pi f_c t + \phi_0) \quad (3.57)
\end{aligned}$$

となる.ただし式 (3.57) において,

$$y_{+p} = \frac{Y_{+p}}{Y_0} \quad (3.58)$$

$$y_{-p} = \frac{Y_{-p}}{Y_0} \quad (3.59)$$

である.

 式 (3.57) において,第1項は元の搬送波と同相の成分,第2項はこれと直交位相の成分を表わし,前者を同相成分,後者を直交成分という.

 式 (3.57) において,回路の伝達関数を $Y(f)$ が,

$$y_{+p} + y_{-p} = 2 \quad (3.60)$$
$$\phi_{+p} = -\phi_{-p} = -2\pi f_m \tau \quad (3.61)$$

なる特性を有するものとする.式 (3.60),(3.61) の条件を見ると,振幅特性は搬送波周波数 f_c に対して丁度逆特性になっており,$|Y(f_c+f_m)|$ と $|Y(f_c-f_m)|$ の和が常に $2|Y(f_c)|$ に等しく,位相特性は直線関係にあることと理解できる.

 式 (3.60),(3.61) の条件下では,残留側波帯変調波は,同期検波,包絡線検波を用いて復調できることが知られているが,その証明を以下に示す.

 まず同期検波を用いた場合について述べる.式 (3.57) で表わされる波に,

搬送波に相当する $\cos(2\pi f_c t+\phi_0)$ を掛けて同期検波を行う．すると復調出力 $u_{sync}(t)$ は，

$$u_{sync}(t)=K\left[\frac{y_{+p}k}{2}\cos(2\pi f_m t+\theta+\phi_{+p})+\frac{y_{-p}k}{2}\cos(2\pi f_m t+\theta-\phi_{-p})\right]$$
(3.62)

（ただし K は定数）となる．ここで式 (3.60), (3.61) の条件が満たされれば，

$$\begin{aligned}u_{sync}(t)&=Kk\cos(2\pi f_m t+\theta-2\pi f_m\tau)\\&=Kk\cos\{2\pi f_m(t-\tau)+\theta\}\end{aligned}$$
(3.63)

となり，時間遅れを除けば，変調信号を正しく再現したことになる．

上述したように，残留側波帯変調波は同期検波を行うことにより復調可能であることがわかったが，実際に同期検波を実現するには位相同期を実現しなければならない問題があり，回路的に複雑となる．そこでより簡単な復調方式として，包絡線検波を行うことによって，復調ができるかどうかを以下に検討してみる．

ここでも残留側波帯変調波に適用するフィルタ回路条件として，式 (3.60), (3.61) を仮定することとすると，式 (3.57) は，

$$\begin{aligned}s_{AM-Y}(t)=&Y_0 A_0[1+k\cos\{2\pi f_m(t-\tau)+\theta\}]\cos(2\pi f_c t+\phi_0)\\&-Y_0 A_0 k\frac{y_{+p}-y_{-p}}{2}\sin\{2\pi f_m(t-\tau)+\theta\}\sin(2\pi f_c t+\phi_0)\end{aligned}$$
(3.64)

となる．更に上式を変形して，

$$\begin{aligned}s_{AM-Y}(t)=&Y_0 A_0\sqrt{[1+k\cos\{2\pi f_m(t-\tau)+\theta\}]^2+k^2\frac{(y_{+p}-y_{-p})^2}{4}\sin^2\{2\pi f_m(t-\tau)+\theta\}}\\&\times\cos\{2\pi f_c t+\phi_0+\varphi(t)\}\end{aligned}$$
(3.65)

ただし，

$$\varphi(t)=\tan^{-1}\frac{k(y_{+p}-y_{-p})\sin\{2\pi f_m(t-\tau)+\theta\}}{2[1+k\cos\{2\pi f_m(t-\tau)+\theta\}]}$$
(3.66)

となる．したがって，これを包絡線検波した出力は，

$$u_{env}(t) = Y_0 A_0 \sqrt{[1+k\cos\{2\pi f_m(t-\tau)+\theta\}]^2 + k^2 \frac{(y_{+p}-y_{-p})^2}{4}\sin^2\{2\pi f_m(t-\tau)+\theta\}}$$

$$= Y_0 A_0 [1+k\cos\{2\pi f_m(t-\tau)+\theta\}]\sqrt{1+\tan^2\varphi(t)} \quad (3.67)$$

式 (3.67) から，残留側波帯変調波は包絡線検波によって復調可能であることがわかった．また同時に式 (3.67) から，包絡線検波によって $\tan^2\varphi(t)$ 成分のために歪みが生じることがわかる．

上記歪みが小さくなるためには，$\tan^2\varphi(t) \ll 1$ でなければならない．そこで，式 (3.67) より，

$$\tan\varphi(t) = \frac{k(y_{+p}-y_{-p})\sin\{2\pi f_m(t-\tau)+\theta\}}{2[1+k\cos\{2\pi f_m(t-\tau)+\theta\}]} \quad (3.68)$$

であるから，$\tan\varphi(t)$ は，変調指数 k と，

$$\Delta y_p \equiv \frac{y_{+p}-y_{-p}}{2} = y_{+p}-1 \quad (3.69)$$

に比例することがわかる．

Δy_p は式 (3.69) の定義から，二つの側波帯の非対称の程度を表わしている．

復調後の信号の歪みが小さいためには，

$$k\Delta y_p \ll 1 \quad (3.70)$$

でなければならない．

例えば，図 3.16 に示した残留側波帯変調方式をアナログテレビジョン伝送方式に適用する場合においては，低周波成分は多いため変調指数 k は大きいが，そこでは Δy_p は比較的小さく，また高周波成分では Δy_p は大きいが，高周波成分自体は少ないため，変調指数は小さく，全体として式 (3.70) が成立しており，実用上十分に包絡線復調が可能となっている．なお，アナログテレビジョン伝送においては，式 (3.60)，(3.61) の条件は，送信側のスペクトル切り取りのフィルタ特性と，受信側のフィルタ特性の両者を総合して満たされるように設定されている．また，アナログテレビジョン伝送方式は，世界的にも終息の方向ではあるが，残留側波帯通信方式で適用されている種々の工夫は，今後ますます発展する通信方式の研究開発における応用可能性を示唆する可能性があると思われるため，敢えて詳説した．

3.9 信号対雑音比

通信系の特性評価の最も基本的な基準は，ガウス雑音が加わった場合に対する評価である．また，最も一般的に用いられる基準は，平均信号電力と平均雑音電力の比である．これを一般に信号対雑音比，あるいは SN 比（signal-to-noise ratio；SNR）と呼ぶ．

本節では，各種振幅変調方式における SN 比について考察する．

まず，解析が比較的容易である DSB 信号について考える．解析を簡単にするため搬送波周波数を f_c とし，単一変調周波数 f_m で変調された DSB 信号を考える．受信機で周波数選択し，更に増幅した後の受信波形を，

$$s_{DSB,r}(t) = A_c \cos 2\pi f_m t \cdot \cos 2\pi f_c t + n(t) \tag{3.71}$$

とする．これは搬送波振幅が A_c の DSB 信号に狭帯域のガウス雑音 $n(t)$ が加わったものである．式 (3.71) の自乗平均値は，

$$\begin{aligned}
Av[s_{DSB,r}^2(t)] &= \frac{1}{T}\int_0^T A_c^2 \cos^2 2\pi f_m t \cdot \cos^2 2\pi f_c t\, dt + \overline{n^2(t)} \\
&= \frac{A_c^2}{4} + N
\end{aligned} \tag{3.72}$$

となる．ただし，ここで N は雑音の平均電力である．

したがって DSB 受信器入力時の DSB 信号の SN 比は，

$$\left(\frac{S}{N}\right)_{DSB,in} = \frac{A_c^2}{4N} \tag{3.73}$$

となる．ただしここで，式 (3.73) の添え字 in は，受信器入力時の SN 比を表すためのものである．

さて，同期検波過程では，周波数と位相が同期している局部発振器の出力信号と受信信号の乗積を取る操作を行うことから，2.3 節で述べたように雑音 $n(t)$ を直交成分に分けて考えると便利である．すなわち，式 (2.19) に示したように，

$$n(t) = x(t)\cos 2\pi f_c t - y(t)\sin 2\pi f_c t \tag{3.74}$$

とすると，

$$N \equiv \overline{x^2(t)} = \overline{y^2(t)} = \overline{n^2(t)} \tag{3.75}$$

となる．ここで N は雑音電力である．

$s_{DSB,r}(t)$ を同期検波した出力 $s_{DSB,dem}(t)$ は，局部発信器の出力信号を，
$$s_{lo}(t) = A_{lo}\cos 2\pi f_c t \tag{3.76}$$
とすると，式 (3.71)，(3.74)，(3.76) より，

$$\begin{aligned}
s_{DSB,dem}(t) &= s_{DSB,r}(t) \cdot s_{lo}(t) \\
&= A_{lo}[A_c\cos 2\pi f_m t \cdot \cos^2 2\pi f_c t + x(t)\cos^2 2\pi f_c t \\
&\quad - y(t)\sin 2\pi f_c t\cos 2\pi f_c t]
\end{aligned} \tag{3.77}$$

となる．したがって式 (3.77) の信号が低域フィルタを通過した出力は，本質的でない 1/2 を除くと，
$$s_{DSB,out}(t) = A_{lo}[A_c\cos 2\pi f_m t + x(t)] \tag{3.78}$$
で表せることがわかる．

式 (3.78) で重要なことは，同期検波によって局部発信器出力信号と直交位相の雑音成分が除去されたことであり，$s_{DSB,out}(t)$ の自乗平均値をとると，
$$Av[s^2_{DSB,out}(t)] = A^2_{lo}\left(\frac{A^2_c}{2} + N\right) \tag{3.79}$$
となるから，式 (3.79) より同期検波出力の SN 比は，
$$\left(\frac{S}{N}\right)_{DSB,out} = \frac{A^2_c}{2N} \tag{3.80}$$
となる．式 (3.73)，(3.80) より，
$$\left(\frac{S}{N}\right)_{DSB,out} = 2\left(\frac{S}{N}\right)_{DSB,in} \tag{3.81}$$
が導かれる．式 (3.81) は，DSB 信号の復調において，同期検波を行うことにより 3 dB（2 倍）の検波利得があることを示している．

次に一般の振幅変調方式について考える．受信信号 $s_{AM,r}(t)$ は，
$$s_{AM,r}(t) = A_c(1 + k\cos 2\pi f_m t)\cos 2\pi f_c t + n(t) \tag{3.82}$$
で与えられる．ここで雑音成分 $n(t)$ について，式 (2.23) で提示したように包絡線と位相により表現すると，
$$n(t) = \rho(t)\cos[2\pi f_c t + \theta(t)] \tag{3.83}$$
となる．

DSB 信号に対する議論と同様に，検波前の受信信号 $s_{AM,r}(t)$ の自乗平均値は，

$$Av[s_{AM,r}{}^2(t)] = \frac{1}{T}\int_0^T A_c^2[1+k\cos 2\pi f_m t]^2 \cos^2 2\pi f_c t\, dt + \overline{n^2(t)}$$

$$= \frac{A_c^2}{2}\left(1+\frac{k^2}{2}\right) + N \tag{3.84}$$

したがって AM 受信器の入力信号の SN 比は，

$$\left(\frac{S}{N}\right)_{AM,in} = \frac{k^2 A_c^2}{4N} \tag{3.85}$$

となる．ただしここで，搬送波の電力は信号成分を含んでいないため，信号電力 S には含まれない点に注意されたい．

ここで AM 信号の受信器では包絡線検波を用いると仮定すると，式 (3.82) で表される $s_{AM,r}(t)$ が包絡線検波器を通った後の出力として，次の結果を得る．

$$s_{AM,out}(t) = \sqrt{A_c^2[1+k\cos 2\pi f_m t]^2 + \rho^2(t) + 2A_c[1+k\cos 2\pi f_m t]\rho(t)\cos\theta(t)} \tag{3.86}$$

上記関数の一般的な解析は困難であるが，SN 比が大きい場合，すなわち $A_c^2/2N$ である場合には，近似的に，

$$s_{AM,out}(t) \approx A_c[1+k\cos 2\pi f_m t] + \rho(t)\cos\theta(t) \tag{3.87}$$

で表される．また，$s_{AM,out}$ の自乗平均値は，

$$Av[s_{AM,out}^2(t)] \approx A_c^2\left[1+\frac{k^2}{2}\right] + N \tag{3.88}$$

となる．ただしここで，第 2 章の式 (2.25) より，

$$N = \frac{1}{2}\overline{\rho^2(t)} = \overline{n^2(t)} \tag{3.89}$$

であることを用いた．

したがって検波後の SN 比は，

$$\left(\frac{S}{N}\right)_{AM,out} = \frac{k^2 A_c^2}{2N} = 2\left(\frac{S}{N}\right)_{AM,in} \tag{3.90}$$

となる．すなわち式 (3.90) より，SN 比の大きい AM 変調方式では，DSB

変調方式と同様に，検波利得として2倍の改善度を持っていることがわかる．言い換えると，受信状態が良い場合には，包絡線検波と同期検波は同じSN比改善効果があることを示している．

次に，両側波帯通信と単側波帯通信のSN比について考える．この場合，出力の信号対雑音比は，単側波帯でも両側波帯でも全く同一である．その理由は，単側波帯では両側波帯に比べて側波帯を半分しか送らないため，その分，電力は半分になるが，同時に雑音も半分になるので，SN比としては変わらないためである．

参 考 文 献

（1）瀧保夫，"通信方式，"コロナ社，東京，1963．
（2）S. スタイン，J. J. ジョーンズ原著，関英男，野坂邦史，柳平英孝訳，"現代の通信回線理論，"森北出版，東京，1970．
（3）福田明，"基礎通信工学，"森北出版，東京，1999．

演 習 問 題

1. 振幅変調波において，搬送波成分の電力が$100\,\mathrm{kW}$であるとしたとき，上側波帯の電力を求めよ．ただし，電力とは正規化電力（$1\,\Omega$の抵抗で消費される電力）であるとし，変調指数は0.5であるとして計算せよ．
2. 図3.12の平衡変調器の動作を再度検証せよ．
3. 図3.15のSSB変調回路の動作を再度検証せよ．

第4章

角度変調方式

　3.1節で述べたように，アナログ変調方式においては，搬送波の振幅，周波数，位相のいずれかを変調して伝送する．第3章ではこのうち振幅変調方式について述べた．本章では，伝送したい情報を搬送波の位相あるいは周波数に乗せて伝送する位相変調方式，及び周波数変調方式[1]~[3]について見ていくこととする．

4.1　位相及び周波数変調波

　まず位相変調方式について考える．位相変調方式では，搬送波である正弦波の位相に変調信号$v(t)$に比例した変化を与えればよいので，位相変調波は，

$$s_{PM}(t) = A_0 \cos\{2\pi f_c t + \phi + mv(t)\} \tag{4.1}$$

と表すことができる．ここで$v(t)$として単一正弦波信号，

$$v(t) = \cos(2\pi f_m t + \theta) \tag{4.2}$$

を考えると，

$$s_{PM}(t) = A_0 \cos\{2\pi f_c t + \phi + m\cos(2\pi f_m t + \theta)\} \tag{4.3}$$

となる．

　次に周波数変調波を考える．一般に正弦波振動を書き表すと，

$$s(t) = A_0 \cos\varphi(t) \tag{4.4}$$

$$\varphi(t) = 2\pi f_c t + \theta_0 \tag{4.5}$$

ここで$\varphi(t)$を$s(t)$の瞬時位相角（instantaneous phase angle）という．

式 (4.5) において角周波数 ω は，

$$\omega = 2\pi f_c = \frac{d\varphi(t)}{dt} \tag{4.6}$$

であることに注目すると，これを一般化して，

$$\Omega_i(t) = \frac{d\varphi(t)}{dt} \tag{4.7}$$

を瞬時角周波数（instantaneous angular frequency）という．純粋な正弦波の場合には，式 (4.6) に示すように，これが時間に無関係な一定値 ω となる．実応用では角周波数よりも周波数を用いることが多いため，以下で定義される瞬時周波数 $f_i(t)$ を用いることも多い．

$$f_i(t) = \frac{1}{2\pi}\frac{d\varphi(t)}{dt} \tag{4.8}$$

式 (4.7)，(4.8) を積分して式 (4.4) に代入したときの $s(t)$ を $s_{FM}(t)$ とすると，周波数変調波の一般形として次式を得る．ただし φ_0 は定数である．

$$s_{FM}(t) = A_0 \cos\left[\int_0^t \Omega_i(t)dt + \varphi_0\right] = A_0 \cos\left[2\pi \int_0^t f_i(t)dt + \varphi_0\right] \tag{4.9}$$

ここで変調信号を $v(t)$ として，瞬時周波数に $v(t)$ に比例した変化分を与えると，

$$f_i(t) = f_c + f_d v(t) \tag{4.10}$$

とおくことができる．ただし $v(t)$ は，その絶対値の最大値が 1 であるように正規化した関数である．すると式 (4.9) は，

$$s_{FM}(t) = A_0 \cos\left[2\pi f_c t + 2\pi f_d \int_0^t v(t)dt + \varphi_0\right] \tag{4.11}$$

となる．特に $v(t)$ が正弦波振動であって式 (4.2) のように表せるとすると，

$$\begin{aligned}s_{FM}(t) &= A_0 \cos\left[2\pi f_c t + 2\pi f_d \int_0^t \cos(2\pi f_m t + \theta)dt + \varphi_0\right] \\ &= A_0 \cos\left[2\pi f_c t + \frac{f_d}{f_m}\sin(2\pi f_m t + \theta) + \varphi_0'\right]\end{aligned} \tag{4.12}$$

となる．ただし φ_0' は定数である．

さて，ここで位相変調波の式 (4.1)，(4.3) と，周波数変調波の式 (4.11)，

(4.12) を比較すると，これらは極めて類似していることに気付く．すなわち，これらの違いは，$v(t)$ が積分されているか否かという点だけである．

上記を言い換えると，変調信号 $v(t)$ を積分した信号で位相変調をかけることは，$v(t)$ で周波数変調をかけることに他ならないことがわかる．これを逆にいうと，変調信号 $v(t)$ を微分した信号で周波数変調をかければ，$v(t)$ で位相変調をしたことになる．

つまり，位相変調，周波数変調といっても，これらは本質的に異なるものではなく，変調を行う前にあらかじめ変調信号を微分回路または積分回路を通すか否かによって，どちらにでもなり得るものである．よって両者は原理的には特に区別する必要はなく，これらの変調方式をまとめて，角度変調（angle modulation）ということがある．

変調信号が正弦波である場合に，式（4.3）と式（4.12）を比較すると，

$$m = \frac{f_d}{f_m} \tag{4.13}$$

とおけば，変調信号の $\pi/2$ の位相差を除けば両式は同一となる．ここで m は位相偏移（phase deviation）に相当するもので，角度変調波の変調指数（modulation index）と呼ばれる量である．また f_d は周波数変調における周波数変化の幅であり，周波数偏移（frequency deviation）という．

第3章の図3.2に示した変調信号 $v(t)$ を用いて，位相変調，周波数変調した場合の波形例を**図 4.1**，**図 4.2** にそれぞれ示す．図4.1，図4.2からわかるように，位相変調，周波数変調された信号は，振幅変調とは異なり振幅は絶えず一定である．これは角度変調方式の特徴であり，振幅が一定であることによる様々な利点を享受できるが，その内容については後述する．

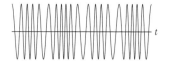

図 4.1 位相変調信号

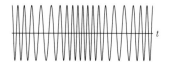

図 4.2 周波数変調信号

4.2 狭帯域角度変調

本節では角度変調波の側波帯について考えていく．解析を簡単にするために単一周波数の正弦波で変調した場合を考える．すなわち，

$$s_{PM}(t) = A_0 \cos(2\pi f_c t + \phi + m\cos 2\pi f_m t) \tag{4.14}$$

と仮定する．これは位相変調波を表すが，前節で述べたように周波数変調波も位相変調波も本質的には同一のものであるから，以降，式 (4.14) を元に議論を進める．

数学公式によれば，

$$\cos(m\cos\theta) = J_0(m) + 2\sum_{\nu=1}^{\infty}(-1)^{\nu} J_{2\nu}(m)\cos 2\nu\theta \tag{4.15}$$

$$\sin(m\cos\theta) = 2\sum_{\nu=1}^{\infty}(-1)^{\nu+1} J_{2\nu-1}(m)\cos(2\nu-1)\theta \tag{4.16}$$

$$\cos(m\sin\theta) = J_0(m) + 2\sum_{\nu=1}^{\infty} J_{2\nu}(m)\cos 2\nu\theta \tag{4.17}$$

$$\sin(m\sin\theta) = 2\sum_{\nu=1}^{\infty} J_{2\nu-1}(m)\sin(2\nu-1)\theta \tag{4.18}$$

である．ここで $J_\nu(m)$ は第 1 種ベッセル関数である．

これらの関係を使い，$\phi=0$ とすると，式 (4.14) は次のように展開できる．

$$\begin{aligned} s_{PM}(t) &= A_0\cos(2\pi f_c t + m\cos 2\pi f_m t) \\ &= A_0[\cos 2\pi f_c t \cos(m\cos 2\pi f_m t) - \sin 2\pi f_c t \sin(m\cos 2\pi f_m t)] \\ &= A_0\left[\left\{J_0(m) + 2\sum_{\nu=1}^{\infty}(-1)^{\nu} J_{2\nu}(m)\cos 4\pi\nu f_m t\right\}\cos 2\pi f_c t \right. \\ &\quad \left. - \left\{2\sum_{\nu=1}^{\infty}(-1)^{\nu+1} J_{2\nu-1}(m)\cos\{2\pi(2\nu-1)f_m t\}\right\}\sin 2\pi f_c t\right] \\ &= A_0\sum_{\nu=-\infty}^{\infty} J_\nu(m)\cos\left[2\pi(f_c + \nu f_m)t + \frac{\nu\pi}{2}\right] \end{aligned} \tag{4.19}$$

式 (4.19) から，角度変調波の場合には，単一正弦波で変調した場合でも，搬送波の両側に f_m おきに無限個の側波帯が発生することがわかる．

図 4.3 に式 (4.19) の各側波帯周波数における振幅値を $A_0=1$，$m=3$ とし

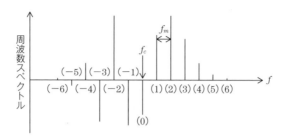

図 4.3 周波数変調波の振幅スペクトル
(式 (4.19) において $m=3$ としたときであり,括弧内の数値は ν を表す.)

て計算した結果を示す.図 4.3 から側波帯の振幅スペクトルは,振幅変調の場合と異なり,正の値のみならず,負の値もとりながら,無限に存在することがわかる.すなわち角度変調の場合には,振幅変調の場合に比べて,その帯域幅が広くなることがわかる.また,角度変調の場合には,搬送波成分の大きさが,変調指数 m により変化し,場合によっては搬送波が 0 になることもある.これは振幅変調と大きく異なる点である.

ここで特別な場合として,変調指数が非常に小さく,$m \ll 1$ である場合を考えてみる.m が十分に小さいとして,m の 2 次以上の項を 1 に対して無視すると,数学の公式から,

$$J_0(m) \approx 1 \tag{4.20}$$

$$J_1(m) = -J_{-1}(m) \approx \frac{m}{2} \tag{4.21}$$

である.また,$J_\nu(m)$ は m^ν のオーダーとなるから,$\nu = 2$ 以上ではこれを無視することができる.

その結果,式 (4.19) は以下のようになる.

$$s_{PM}(t) = A_0 \cos 2\pi f_c t + \frac{A_0 m}{2} \cos\left[2\pi(f_c+f_m)t + \frac{\pi}{2}\right]$$

$$- \frac{A_0 m}{2} \cos\left[2\pi(f_c-f_m)t - \frac{\pi}{2}\right]$$

$$= A_0 \cos 2\pi f_c t + \frac{A_0 m}{2} \cos\left[2\pi(f_c+f_m)t + \frac{\pi}{2}\right]$$

$$+ \frac{A_0 m}{2} \cos\left[2\pi(f_c-f_m)t + \frac{\pi}{2}\right] \tag{4.22}$$

一方,第3章で述べた振幅変調の式(3.4)において,$\theta=0$ とすると,

$$s_{AM}(t) = A_0(1 + k\cos 2\pi f_m t)\cos 2\pi f_c t$$

$$= A_0 \cos 2\pi f_c t + \frac{A_0 k}{2}\cos\{2\pi(f_c+f_m)t\}$$

$$+ \frac{A_0 k}{2}\cos\{2\pi(f_c-f_m)t\} \tag{4.23}$$

となる.ここで式(4.22)と(4.23)を比較すると,式(4.22)が異なる点は,両側波帯がともに90度だけ位相回転していることである.この関係を第3章の図3.7にならってベクトル図に描くと,**図4.4**のようになる.側波帯を表すベクトルは,搬送波に対して90度だけ回っているため,上下側波帯の合成ベクトル $\overrightarrow{AD}$ は,EとFの間を正弦波状に移動する.変調指数が小さければ,$\overline{AE} \ll \overline{OA}$ であるから,ベクトル $\overrightarrow{OD}$ の頂点Dは,Oを中心とす

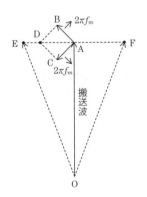

図4.4　各成分のベクトル図

る円周上を移動するものと見なすことができる．これは，変調指数が小さい角度変調波では，振幅変調波と異なり振幅が一定値となることを意味している．ただし，変調指数が大きくなった場合には，この仮定が成り立たなくなり，高次の側波帯を考えなければならなくなる．

また狭帯域周波数変調波の帯域幅は，上記議論から $2f_m$ 程度となることがわかる．

4.3 広帯域周波数変調

次にもう一つ特別な場合として，変調指数 m が1に比べて十分に大きいときについて考える．すなわち，

$$m = \frac{f_d}{f_m} \gg 1 \tag{4.24}$$

$$f_d \gg f_m \tag{4.25}$$

である場合を考える．一般にベッセル関数の性質から，m が十分に大きいときには，$J_\nu(m)$ については，ν として大体 m の大きさ程度のものまで考えれば良く，それ以上の ν に対する値は無視できる程度に小さい．つまり，側波帯としては m 番目のものまで考えれば良く，その端の周波数は，

$$f_c \pm mf_m = f_c \pm f_d \tag{4.26}$$

となる．

式（4.26）から正弦波で変調された周波数変調波の帯域幅は，

$$B \approx 2f_d \tag{4.27}$$

で与えられることがわかる．

狭帯域，広帯域のいずれの場合にもよく当てはまる法則によると，FM伝送に必要な帯域幅は，最大周波数偏移と最高変調周波数の和の2倍である．すなわち，

$$B \approx 2(f_d + f_m) \tag{4.28}$$

となることが知られている．上式を変調指数 m によって書き直すと，

$$B \approx 2(m+1)f_m \tag{4.29}$$

となる．

4.4 周波数変調波の変調方法

位相・周波数変調法として古くからよく知られているのが，図 4.5 の方法を使うものである．以下，図 4.5 を参照しながら動作について説明する．図 4.5 に示されている積分回路は，周波数変調の場合に入力信号を積分するために必要であるが，位相変調の場合には不要である．以下の説明では，位相変調の場合を例にとって説明する．したがって，積分回路の動作は説明には入れていないので注意されたい．

まず，搬送波に相当する正弦波発信器の出力 $A_0\cos 2\pi f_c t$ を，変調信号 $v(t)$ とともに平衡変調器に入力すると，3.6 節で述べたように搬送波抑圧振幅変調波が得られる．この信号を，

$$f_1(t) = A_0 v(t)\cos 2\pi f_c t \tag{4.30}$$

とする．次に搬送波発振器から分岐された同位相の成分 $B_0\cos 2\pi f_c t$ を 90 度移相器に通すと，その出力は，

$$f_2(t) = B_0\cos\left(2\pi f_c t - \frac{\pi}{2}\right) = B_0\sin 2\pi f_c t \tag{4.31}$$

となる．この二つの出力を合成すると，

$$\begin{aligned}f_{out}(t) &= f_1(t) + f_2(t) \\ &= B_0\sin 2\pi f_c t + A_0 v(t)\cos 2\pi f_c t \\ &= B_0\sqrt{1 + \frac{A_0^2}{B_0^2}v(t)^2}\sin\{2\pi f_c t + \phi(t)\}\end{aligned} \tag{4.32}$$

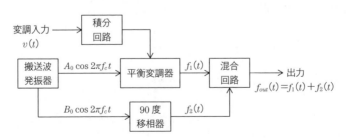

図 4.5 Armstrong の変調回路
（積分回路は，周波数変調の場合に必要だが，位相変調の場合には不要）

ただしここで，

$$\phi(t) = \tan^{-1} \frac{A_0}{B_0} v(t) \tag{4.33}$$

である．

　ここで搬送波 $f_2(t)$ の振幅を十分大きくして，$A_0/B_0 \ll 1$ となるようにすれば，$\tan^{-1}\theta \approx \theta$ ($\theta \ll 1$) を用いると，式 (4.32) は式 (4.33) を用いて，

$$f_{out}(t) \approx B_0 \sin\left\{2\pi f_c t + \frac{A_0}{B_0} v(t)\right\} \tag{4.34}$$

となる．

　式 (4.34) を見ると，これは $v(t)$ で位相変調を受けた波に他ならない．一方，4.2 節の図 4.4 の説明を思い返すと，変調指数が小さい位相変調波は，振幅変調波の側波帯（あるいは搬送波）を 90 度だけ回したものであるという結論であった．図 4.5 では，まさにこの考え方を使って位相変調波を発生させているわけであり，このような変調回路を Armstrong の変調回路という．

　なお，周波数変調を行うには，あらかじめ $v(t)$ を積分回路を通して積分した後に上記の操作を行えばよい．すなわち，

$$f_{out}(t) \approx B_0 \sin\left\{2\pi f_c t + \frac{A_0}{B_0} \int_0^t v(t)dt + \varphi_0\right\} \tag{4.35}$$

となり，周波数変調波が得られる．

　変調指数の大きい変調波を得るためには，上記のようにして得られた変調波を周波数逓倍器を用いて周波数逓倍する．周波数逓倍とは入力信号の n 倍の高調波を出力に得ることであり，例えば，

$$\begin{aligned} s_{FM}(t) &= B_0 \sin\left[2\pi f_c t + k\int_0^t v(t)dt\right] \\ &= B_0 \sin\left[\int_0^t [2\pi f_c + kv(t)]dt\right] \end{aligned} \tag{4.36}$$

で表される周波数変調波を入力に加えると，その瞬時角周波数 $2\pi f_c + kv(t)$ が n 倍に逓倍され，出力には，

$$s_{FM-n}(t) = C_0 \sin\left[\int_0^t n[2\pi f_c + kv(t)]dt\right]$$
$$= C_0 \sin\left[2\pi n f_c t + nk \int_0^t v(t)dt\right] \quad (4.37)$$

が得られる．したがって，逓倍器により搬送波周波数が n 倍になると同時に，変調指数も n 倍となっており，したがって周波数偏移が n 倍となっていることがわかる．そこで，あらかじめ低い周波数の搬送波を用いて変調を行い，これを周波数逓倍器にかけると，搬送波が所要の周波数に逓倍されると同時に，変調指数も逓倍されるのである．

実際には，所定の周波数偏移を得るには，初期の搬送波周波数が低くなりすぎて現実的ではないような状況も生じ得る．このような場合には，何段階かの逓倍の途中で周波数変換を行って，周波数偏移は変えることなく，搬送波周波数を一定値だけ下げ，更に逓倍を続けることが行われる．

別の周波数変調波の発生方法に電圧制御発振器（VCO；voltage controlled oscillator）を用いた方法があり，広く用いられている．VCO においては，発振周波数を決定するパラメータを，入力信号電圧に比例して変化させることにより，その発振周波数を直接変化させることが可能である．VCO を用いることの利点は，周波数偏移の大きい FM 波が比較的簡単に得られることである．

一方，VCO を用いた場合の問題点は，発信器の中心周波数が変動しやすいことである．VCO はその特性上，発振周波数が入力電圧の変化に容易に追随できるため，これを逆にとらえると周波数安定度を良好な値に保つことが難しいことが容易に想像される．したがって，VCO を用いた方法においては，中心周波数を安定化させるためのフィードバック回路が必要である．

4.5　周波数変調波の復調方法

次に周波数変調波の復調について考える．

周波数変調では，必要な情報は瞬時周波数の変化の中に含まれているので，本来振幅は一定である．しかしながら，信号の伝送途中の雑音の混入，あるいは伝送路中で発生する歪み，伝送路の減衰の変動またはフェージングなど，

様々な要因によって受信器に到達した信号に振幅変動を伴っていることが多い．このような振幅変動は，復調回路の構成によっては，復調出力に影響することもあり得るため，復調の前にこれを取り除いておくことが望ましい．そのためには，振幅制限器（amplitude limiter）が使用される．振幅制限器によって入力信号の振幅が変動しても，出力側の振幅は一定値となる．その後，振幅が一定化された信号を周波数弁別器（frequency discriminator）と呼ばれる回路に加え，瞬時周波数に比例した出力を得る．更に周波数弁別器出力を包絡線検波することによって復調出力が得られる．図 4.6 に周波数変調波の復調回路構成を示す．

上記周波数弁別回路には様々な形態があるが，ここでは最も基本的な同調回路を用いた方法を紹介する．図 4.7 に一つの同調回路の周波数弁別特性を示す．図 4.7 からわかるように，同調回路の振幅特性は，同調周波数 f_1 より少し外れたところに変曲点を持ち，その近傍では直線とみなすことができる．そこでこの部分を周波数弁別回路として用いる．より具体的に説明すると，上記変曲点付近の周波数が搬送波周波数 f_c となるように同調回路を設定しておくと，図 4.7 の示す $f_c \pm \delta_1$ の周波数においては，同調回路の伝達関数を周波数に対してほぼ直線とみなすことができるため，周波数の変化を伝達関

図 4.6　周波数変調波の復調回路構成

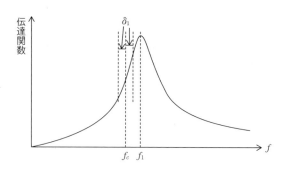

図 4.7　同調回路を用いた周波数変調波の復調

数の振幅に変換することができる.すなわち,図 4.7 に示す同調回路は周波数弁別器として動作することになる.

しかしながら,図 4.7 に示す同調回路では,周波数弁別特性が直線で近似できる範囲が狭いため,実際にはこれを改良した複同調回路(balanced discriminator)がよく用いられる.**図 4.8 (a)** に示すように,複同調回路では,同調周波数 f_1, f_2 が搬送波周波数 f_c に対して対称になるように選ばれた二つの同調回路を用いる.そして,これらの同調回路の出力を包絡線検波した結果の差分を取ることによって,図 4.8 (b) に示すように単一の同調回路を用いた場合に比べて広い $f_c \pm \delta_2$ の周波数範囲でほぼ直線的な特性が得られるため,周波数弁別特性の広帯域化を実現することが可能となる.

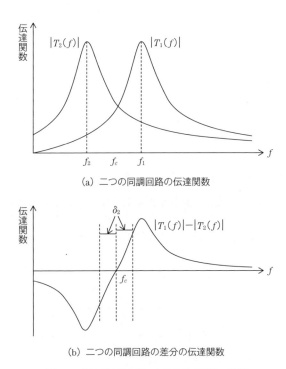

(a) 二つの同調回路の伝達関数

(b) 二つの同調回路の差分の伝達関数

図 4.8 複同調回路を用いた周波数変調波の復調

4.6 周波数変調波に対する妨害波の影響

本節では，周波数変調通信系に妨害波が加えられたときの様子について考察してみることとする．今，解析を簡単にするために，希望波は無変調であり，$A\cos 2\pi f_c t$ で与えられるものとする．これに正弦波の妨害波 $B\cos 2\pi ft$ が加えられたとすると，受信器出力では両者が重畳され，

$$s_{FMi}(t) = A\cos 2\pi f_c t + B\cos 2\pi ft \tag{4.38}$$

となる．ここで妨害波と希望波の周波数の差を $\Delta f = f - f_c$ とおくと，

$$\begin{aligned} s_{FMi}(t) &= A\cos 2\pi f_c t + B\cos 2\pi (f_c + \Delta f)t \\ &= A\cos 2\pi f_c t + B\cos 2\pi \Delta ft \cos 2\pi f_c t - B\sin 2\pi \Delta ft \sin 2\pi f_c t \\ &= A\sqrt{\left(1 + \frac{B}{A}\cos 2\pi \Delta ft\right)^2 + \left(\frac{B}{A}\sin 2\pi \Delta ft\right)^2} \\ &\quad \cos\{2\pi f_c t + \phi_i(t)\} \end{aligned} \tag{4.39}$$

ただし，

$$\phi_i(t) = \tan^{-1} \frac{\dfrac{B}{A}\sin 2\pi \Delta ft}{1 + \dfrac{B}{A}\cos 2\pi \Delta ft} \tag{4.40}$$

すなわち，搬送波と妨害波が重畳されると，それらの合成波においては，振幅が変動すると同時に位相も変動することがわかる．

ここで，振幅変動は振幅制限器で除去されるとして，瞬時周波数に比例する出力を生じるような理想復調器を仮定してその出力を求めてみると，

$$\begin{aligned} s_{FMi,dem}(t) &= \frac{1}{2\pi}\frac{d}{dt}\{2\pi f_c t + \phi_i(t)\} \\ &= f_c + \frac{1}{2\pi}\frac{d}{dt}\phi_i(t) \\ &= f_c + \frac{1}{2\pi}\frac{d}{dt}\left[\tan^{-1}\frac{\dfrac{B}{A}\sin 2\pi \Delta ft}{1 + \dfrac{B}{A}\cos 2\pi \Delta ft}\right] \end{aligned} \tag{4.41}$$

ここで，

$$(\tan^{-1}x)' = \frac{1}{1+x^2} \tag{4.42}$$

$$\left(\frac{f}{g}\right)' = \frac{f'g - fg'}{g^2} \tag{4.43}$$

であることを用いると，式 (4.41) は，

$$s_{FMi,dem}(t) = f_c + \frac{1}{2\pi} \frac{\left(\frac{B}{A}\right)2\pi\Delta f\left(\cos 2\pi\Delta ft + \frac{B}{A}\right)}{1 + 2\left(\frac{B}{A}\right)\cos 2\pi\Delta ft + \left(\frac{B}{A}\right)^2} \tag{4.44}$$

となる．上式第1項は搬送波によるもの，第2項が妨害波の影響で生じる成分である．

ここで希望波に対して妨害波が小さいと仮定し，$B/A \ll 1$ とすると式(4.44)は，

$$s_{FMi,dem}(t) = f_c + \left(\frac{B}{A}\right)\Delta f \cos 2\pi\Delta ft \tag{4.45}$$

となる．すなわち，妨害波の影響は，希望波と妨害波の差，すなわちビート周波数の正弦波として出力に現れ，その振幅波と妨害波の振幅比 B/A に比例するとともに，その周波数差 Δf に比例するものとなる．

一方，妨害波の方が希望波よりも遙かに大きい場合，すなわち $B/A \gg 1$ の場合には，式 (4.44) は，

$$\begin{aligned}
s_{FMi,dem}(t) &= f_c + \frac{1}{2\pi} \frac{\left(\frac{B}{A}\right)^2 2\pi\Delta f + \left(\frac{B}{A}\right)2\pi\Delta f \cos 2\pi\Delta ft}{\left(\frac{B}{A}\right)^2} \\
&= f_c + \Delta f + \left(\frac{A}{B}\right)\Delta f \cos 2\pi\Delta ft \\
&= f + \left(\frac{A}{B}\right)\Delta f \cos 2\pi\Delta ft
\end{aligned} \tag{4.46}$$

となる．すなわちここでは，式 (4.45) において希望波と妨害波の役割が逆転しており，第1項は妨害波に相当する出力，第2項が希望波と妨害波の干渉によるビート信号出力である．

上記考察からわかるように，周波数変調方式においては，受信器に希望波と妨害波の二つの正弦波が加えられたときには，強い方の信号に対する出力が生じるが，弱い方の信号については，その周波数に対する出力はなく，強い信号とのビート信号を発生することになる．すなわち周波数変調系では，強い信号が主導権を握り，弱い信号は抑圧されてしまう性質がある．これは，振幅変調方式では存在しない性質であり，周波数変調方式の特徴である．

4.7 信号対雑音比

本節では，周波数変調方式における信号対雑音比について考察を行う．ここでは，4.5節で述べたような振幅制限器，周波数弁別器の後に，低域通過フィルタを有する通常のFM受信器を考えることとする．

4.1節で述べたように，周波数変調，位相変調の違いは，変調信号の積分の有無の違いしかないため，本節では式 (4.1) の位相変調波の表式を借りて，周波数変調波を以下のように表わすことにする．

$$s_{FM}(t) = A_0 \cos\{2\pi f_c t + mv(t)\} \tag{4.47}$$

受信器の入力端に到達する信号は，上記FM信号，及びこれと同じ帯域幅のガウス雑音から構成される．したがって，受信器へ入力される信号は，

$$s_{FM,r}(t) = s_{FM}(t) + n(t) \tag{4.48}$$

となる．ここで雑音成分 $n(t)$ は，第3章の式 (3.74)，(3.83) で解析に用いたように，第2章の議論を参照して以下のように表される．

$$n(t) = x(t)\cos 2\pi f_c t - y(t)\sin 2\pi f_c t = \rho(t)\cos[2\pi f_c t + \theta(t)] \tag{4.49}$$

また，平均雑音電力は式 (2.25) より，

$$N = \overline{n^2(t)} = \overline{x^2(t)} = \overline{y^2(t)} = \frac{1}{2}\overline{\rho^2(t)} \tag{4.50}$$

で与えられる．

したがって，振幅制限器に入る前の信号と雑音の和は，式 (4.47)，(4.49) より，

$$\begin{aligned}
s_{FM,r}(t) &= A_0\cos\{2\pi f_c t + mv(t)\} + \rho(t)\cos\{2\pi f_c t + \theta(t)\} \\
&= s_{FM,env}(t)\cos\{2\pi f_c t + \phi(t)\} \\
&= s_{FM,env}(t)\cos\psi(t)
\end{aligned} \tag{4.51}$$

と表すことができる．

式 (4.51) より，受信器の入力点における搬送波電力対雑音電力比 (CN 比, carrier-to-noise ratio) は，

$$\left(\frac{C}{N}\right)_{FM,in} = \frac{A_0^2}{2N} \tag{4.52}$$

となる．ここで CN 比は，受信器の中間周波帯域幅で測定した値であることに注意されたい．

受信器での振幅制限動作により，式 (4.51) の包絡線 $s_{FM,env}(t)$ は取り除かれるが，角度変化 $\psi(t)$ はそのまま残る．この結果，周波数弁別器に加わる信号は振幅一定の信号，

$$s_{FM,limit}(t) = \cos\{2\pi f_c t + \phi(t)\} = \cos\psi(t) \tag{4.53}$$

となる．

FM 信号の瞬時位相角 $mv(t)$ を基準位相として用いると，式 (4.51) で表される信号は，

$$\begin{aligned} s_{FM,r}(t) &= A_0\cos\{2\pi f_c t + mv(t)\} + \rho(t)\cos\{2\pi f_c t + \theta(t)\} \\ &= [A_0 + \rho(t)\cos\{\theta(t) - mv(t)\}]\cos\{2\pi f_c t + mv(t)\} \\ &\quad - \rho(t)\sin\{\theta(t) - mv(t)\}\sin\{2\pi f_c t + mv(t)\} \end{aligned} \tag{4.54}$$

と表されるから，式 (4.53) における瞬時位相角は，

$$\phi(t) = mv(t) + \tan^{-1}\frac{\rho(t)\sin\{\theta(t) - mv(t)\}}{A_0 + \rho(t)\cos\{\theta(t) - mv(t)\}} \tag{4.55}$$

と表すことができる．また，同様に雑音成分の瞬時位相角 $\theta(t)$ を基準とすると，

$$\phi(t) = \theta(t) + \tan^{-1}\frac{A_0\sin\{mv(t) - \theta(t)\}}{\rho(t) + A_0\cos\{mv(t) - \theta(t)\}} \tag{4.56}$$

となる．

さて，通常の状態では CN 比は十分に大きく雑音の妨害は少ないと考えられる．この場合には $A_0 \gg \rho(t)$ であるから，式 (4.55) は，

$$\phi(t) \approx mv(t) + \frac{\rho(t)}{A_0}\sin\{\theta(t) - mv(t)\} \tag{4.57}$$

となる．このように FM 信号が雑音に比べて十分に大きいときには，雑音

によって起こるランダムな位相変動は信号によって強く抑制されてしまう．

一方，雑音が信号に比べてかなり大きいときには，$A_0 \ll \rho(t)$ であり，式 (4.56) は，

$$\phi(t) \approx \theta(t) + \frac{A_0}{\rho(t)} \sin\{mv(t) - \theta(t)\} \tag{4.58}$$

となる．すなわち，信号が雑音に比べて弱いときには，雑音によるランダム位相変化 $\theta(t)$ が瞬時位相角を支配していることがわかる．したがって，このような場合には，FM 信号中の必要な位相情報は，雑音によるより強いランダムな位相変動の中に消失してしまい，その後の周波数弁別器では，もはや情報を再生することは不可能となる．

既に式 (4.8) を用いて述べたように，FM 受信機では周波数弁別器は次の動作を行い，瞬時周波数 $f_i(t)$ を出力する．

$$f_i(t) = \frac{1}{2\pi} \frac{d\phi(t)}{dt} \tag{4.59}$$

さて周波数弁別器による FM 検波後の SN 比改善度を調べるために，信号が雑音に比べて十分に強い場合について考えてみる．この場合，周波数弁別器入力信号の瞬時位相角 $\phi(t)$ は式 (4.57) で与えられる．式 (4.57) において，妨害成分 $\theta(t)$ は $(-\pi, \pi)$ の範囲に一様に分布しているから，$|\theta(t) - mv(t)|$ も 2π の範囲で一様に分布している．したがって，CN 比の高い場合，FM 検波器の雑音出力の二乗平均値を計算してみると，雑音出力は変調波に無関係で，搬送波レベルと雑音の性質だけによって決まってくる．式 (4.57) は妨害成分のうち変調波を無視することにより更に簡素化され，

$$\phi(t) \approx mv(t) + \frac{\rho(t)}{A_0} \sin\theta(t) = mv(t) + \frac{y(t)}{A_0} \tag{4.60}$$

となる．ここで $y(t)$ は，式 (4.49) に示した雑音のうち，逆相の直交低周波成分を取り出したものである．したがって，CN 比が高いとき，周波数弁別器の出力は，

$$\frac{1}{2\pi} \frac{d\phi(t)}{dt} = \frac{m}{2\pi} \frac{dv(t)}{dt} + \frac{1}{2\pi A_0} \frac{dy(t)}{dt} \tag{4.61}$$

となる．

上式において復調出力成分は，$\dfrac{m}{2\pi}\dfrac{dv(t)}{dt}$ の項である．ここで単一正弦波で変調した場合を考える．周波数偏移を f_d，変調周波数を f_m とすると，

$$mv(t) = \frac{f_d}{f_m}\sin 2\pi f_m t \tag{4.62}$$

であるから，周波数弁別器を通った信号は，

$$\frac{m}{2\pi}\frac{dv(t)}{dt} = f_d \cos 2\pi f_m t \tag{4.63}$$

となる．また，その平均電力は，

$$S_{out} = \frac{(f_d)^2}{2} \tag{4.64}$$

と求まる．

周波数弁別器入力前に雑音によって生じる瞬時位相角の変動は，雑音の低周波成分によって決まる．このガウス分布のランダム量は，搬送波の周期に比べて遅い変化をするが，受信信号帯域幅 $B \approx 2(f_d + f_m)$ にわたってその周波数成分が広がっている．

例えば，白色雑音で矩形の信号帯域の場合，$y(t)$ の検波前の電力スペクトル密度は，

$$S_y(f) = \frac{N}{B}, \quad |f| \leq \frac{B}{2} \tag{4.65 a}$$

$$= 0, \quad |f| > \frac{B}{2} \tag{4.65 b}$$

となる．一方，周波数弁別器の出力雑音成分は式（4.61）より，

$$\eta(t) = \frac{1}{2\pi A_0}\frac{dy(t)}{dt} \tag{4.66}$$

である．

さて，一般に時間関数 $h(t)$ のフーリエ変換を $H(f)$ とすると，第1章の式（1.28）で示したように，

$$\frac{d^n h(t)}{dt^n} \Leftrightarrow (j2\pi f)^n H(f) \tag{4.67}$$

であるから，$y(t)$，$\eta(t)$ のフーリエ変換をそれぞれ $Y(f)$，$H(f)$ とすると，

となる.

$$H(f) = \frac{jf}{A_0} Y(f) \tag{4.68}$$

となる.

式 (4.68) より，周波数弁別器出力の電力スペクトル密度を $S_\eta(f)$ とすると，

$$S_\eta(f) = |H(f)|^2 S_y(f) \tag{4.69}$$

となるので，$S_\eta(f)$ は，

$$S_\eta(f) = \frac{S_y(f) f^2}{A_0^2} \tag{4.70}$$

で与えられる.

特に式 (4.65 a) の条件下では，式 (4.70) は式 (4.52) を用いて，

$$S_\eta(f) = \frac{f^2 N}{B A_0^2} = \frac{f^2 / 2B}{\left(\dfrac{C}{N}\right)_{FM,in}}, \; |f| \leq \frac{B}{2} \tag{4.71}$$

となる．これは FM 変調方式において特有な結果であり，帯域通過の白色雑音の場合，周波数弁別器出力雑音の電力スペクトルは，周波数に対して放物線状に変化することがわかった．**図 4.9** にこの様子を示す．

周波数弁別後の信号は，低域通過フィルタを通過するため，周波数帯域は制限を受ける．低域通過フィルタの遮断周波数を f_m と仮定すると低域通過フィルタ出力における全平均雑音電力は，

$$N_{out} = \int_{-f_m}^{f_m} S_\eta(f) df = \int_{-f_m}^{f_m} \frac{f^2 / 2B}{(C/N)_{FM,in}} df = \frac{f_m^3 / 3B}{(C/N)_{FM,in}} \tag{4.72}$$

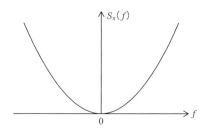

図 4.9 周波数弁別器出力雑音の周波数スペクトル

となる．

　以上の結果を用いると，矩形の中間周波数帯域を通った白色雑音について，CN 比が高い場合の FM 信号の SN 比改善度を求めることができる．FM 検波後の SN 比を，平均出力信号電力と平均出力雑音電力の比として定義すると，式 (4.64)，(4.72) より，

$$\left(\frac{S}{N}\right)_{FM,out} = \frac{S_{out}}{N_{out}} = \frac{(f_d)^2}{2} \Big/ \frac{f_m^3/3B}{(C/N)_{FM,in}} \tag{4.73}$$

となる．ここで B は FM 信号の帯域幅で，$B \approx 2(m+1)f_m$，$f_d = mf_m$ であるから，式 (4.73) は，

$$\left(\frac{S}{N}\right)_{FM,out} = 3m^2(m+1)\left(\frac{C}{N}\right)_{FM,in} \tag{4.74}$$

となる．以上の結論により，広帯域 FM 系における検波利得は $3m^2(m+1)$（m が十分に大きいときには $3m^3$）であることがわかった．

　先に，FM 検波の出力雑音の電力スペクトル密度は，周波数に対して放物線的に増加することを示した．更に，一般の変調信号では，周波数が高いほどその周波数成分が小さくなる．したがって，何も対策を施さなければ，FM 検波後，これらの弱い高周波信号成分は，強い出力雑音の中に埋もれてしまい，高周波成分での変調信号の SN 比が悪くなる．

　この問題を解決するため，FM 系ではプリエンファシス，ディエンファシスという方法で補償している．具体的には，搬送波を変調する前に，変調信号をプリエンファシス回路に通し，高い周波数成分を強めておく．受信側では，復調の直後に復調信号と雑音をディエンファシス回路に通し，プリエンファシスによって行った操作と全く逆特性によって高い周波数成分を弱める．このプリエンファシス／ディエンファシスの操作により，変調信号の周波数スペクトルは変わらないが，出力雑音のスペクトルが周波数によらず平均化され，SN 比が改善されることになる．

　以上の FM 改善の効果については，変調指数が大きく CN 比が大きい場合のみに成り立つ．既に述べたように，FM 検波器の入力において，雑音電圧が少しでも希望信号電圧を超えると，雑音が信号を抑圧してしまうことが起きる．このような現象をスレッショールド効果（threshold effect）と呼ん

でいる．

参考文献

（1） 瀧保夫，"通信方式，"コロナ社，東京，1963．
（2） S. スタイン，J. J. ジョーンズ原著，関英男，野坂邦史，柳平英孝訳，"現代の通信回線理論，"森北出版，東京，1970．
（3） 福田明，"基礎通信工学，"森北出版，東京，1999．

演習問題

1. 以下の数式 $f(t)$ は，単一周波数の正弦波状の変調信号で変調された周波数変調波を表す．

$$f(t) = A_0\cos[160\times10^6\pi t + 5\cos(20\times10^3\pi t)]$$

ただし t は時間を表し，A_0 は定数とする．このとき，次の値を求めよ．
   - （1） 搬送波周波数
   - （2） 変調信号の周波数
   - （3） この周波数変調波の最高周波数
   - （4） この周波数変調波のおおよその占有周波数帯域幅

2. 周波数 80 MHz の搬送波（正弦波とする）を，周波数 10 kHz の正弦波で周波数変調することを考える．周波数偏移は 150 kHz とする．このとき，以下の問に答えよ．
   - （1） この周波数変調の変調指数を求めよ．
   - （2） 得られた周波数変調波の最高周波数,最低周波数をそれぞれ求めよ．
   - （3） 得られた周波数変調波の占有帯域幅を求めよ．

3. 位相変調装置を用いて周波数変調を実現したい．そのためには，変調信号にどのような処理を施せばよいか？ 変調信号が正弦波である場合を仮定して，数式を用いて説明せよ．

4. Armstrong の変調回路を用いて位相変調波が生成できることを，数式を用いて説明せよ．

第5章

||||||||||||||||||||||||||||||||||||||||||||||||||||||||||||||||||||||||||||||||||||||||||

パルス変調方式

　第3章，第4章では，アナログ信号で搬送波の振幅，周波数，あるいは位相を変調して伝送するアナログ通信方式について述べた．アナログ通信方式では，波形全体を加工することなくそのまま送出するが，伝送路における雑音や歪みの影響を受けやすい．一方，波形全体を送出するのではなく，波形を標本化してその一部の情報を送ることにより，様々な利点を供する方式がディジタル通信方式である．本章では，近年の通信方式の主流となっているディジタル通信方式の基礎[1], [2]について学んでいく．

5.1　標本化定理

　まずディジタル通信方式において理解しておかなければならない，標本化定理について論じることとする．

　最初に，1.2節で述べた単位インパルス（δ関数）を一定周期T_0で配列したインパルス列を考える．この関数は**図5.1**に示すように，$-\infty < t < \infty$で定義される無限個のインパルス列の和であり，次式で表される．

$$s_I(t) = \sum_{l=-\infty}^{\infty} \delta(t - lT_0) \tag{5.1}$$

このインパルス列は周期T_0の周期関数であるから，1.1.2節で述べたように，フーリエ級数に展開することができ，式 (1.8)，(1.12)，(1.13) より，

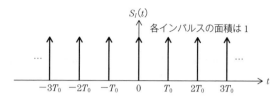

図 5.1 時間軸上のインパルス列

$$s_I(t) = \sum_{n=-\infty}^{\infty} c_n \exp(j2\pi n f_0 t) \tag{5.2}$$

$$f_0 = \frac{1}{T_0} \tag{5.3}$$

$$c_n = \frac{1}{T_0} \int_{T_0} s_I(t)\exp(-j2\pi n f_0 t)dt \tag{5.4}$$

となる．ここで式 (5.1)，(5.4) より c_n を計算すると，

$$\begin{aligned} c_n &= \frac{1}{T_0}\int_{-T_0/2}^{T_0/2} s_I(t)\exp(-j2\pi nt/T_0)dt \\ &= \frac{1}{T_0}\int_{-T_0/2}^{T_0/2} \sum_{l=-\infty}^{\infty} \delta(t-lT_0)\exp(-j2\pi nt/T_0)dt \\ &= \frac{1}{T_0}\int_{-T_0/2}^{T_0/2} \delta(t)\exp(-j2\pi nt/T_0)dt \end{aligned} \tag{5.5}$$

ここで，式 (1.38) より，

$$\int_{-\infty}^{\infty} \delta(t)\exp(-j2\pi ft)dt = \exp(0) = 1 \tag{5.6}$$

であるから，これと式 (5.5) より，

$$c_n = \frac{1}{T_0}\int_{-T_0/2}^{T_0/2} \delta(t)\exp(-j2\pi nt/T_0)dt = \frac{1}{T_0} \tag{5.7}$$

となる．よって式 (5.2) より $s_I(t)$ のフーリエ級数展開は，

$$s_I(t) = \sum_{n=-\infty}^{\infty} \frac{1}{T_0}\exp(j2\pi n f_0 t) \tag{5.8}$$

と求められた．

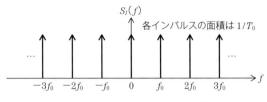

図 5.2 インパルス列のフーリエ変換

したがって，$s_I(t)$ のフーリエ変換 $S_I(f)$ は，フーリエ変換の定義式（1.15）より，

$$S_I(f) = \int_{-\infty}^{\infty} \sum_{n=-\infty}^{\infty} \frac{1}{T_0} \exp(j2\pi nf_0 t)\exp(-j2\pi ft)dt \tag{5.9}$$

と求まる．ここで第 1 章の式（1.39）より，

$$\delta(t) = \int_{-\infty}^{\infty} \exp(j2\pi ft)df \tag{5.10}$$

であるから，式（5.10）において t と f を入れ替え，また δ 関数が偶関数であることを用いると，

$$\delta(f) = \int_{-\infty}^{\infty} \exp(j2\pi ft)dt = \int_{-\infty}^{\infty} \exp(-j2\pi ft)dt \tag{5.11}$$

が得られる．

ここで，式（5.11）にフーリエ変換における周波数偏移に関する性質である式（1.24）を適用すると，

$$\delta(f - nf_0) = \int_{-\infty}^{\infty} \exp(j2\pi nf_0 t)\exp(-j2\pi ft)dt \tag{5.12}$$

が成り立つので，式（5.12）を式（5.9）に適用すると $S_I(f)$ は，

$$S_I(f) = \frac{1}{T_0} \sum_{n=-\infty}^{\infty} \delta(f - nf_0) \tag{5.13}$$

となる．

以上から，式（5.1）で与えられるインパルス列のフーリエ変換は，周波数軸上でも **図 5.2** で表されるようなインパルス列となることがわかった．

ここで，式（5.1）の関数は周期 T_0 を持つ一様なインパルス列であること

から，インパルス標本化関数と呼ぶことがある．

さて1.2節の議論を参照すると，任意の関数 $g(t)$ と時刻 lT_0 に値を有する単位インパルス $\delta(t-lT_0)$ の積はインパルスになり，その面積がインパルスの生じる時刻の値である $g(lT_0)$ に等しくなることがわかる．すなわち，ある関数と単位インパルスの積をとることは，その関数の振幅をインパルスが起こる時刻で標本化することと等価である．よって，$g(t)$ とインパルス標本化関数 $s_I(t)$ の積をとることにより，関数 $g(t)$ は周期的に標本化され，

$$g_{I,sample}(t) = g(t)s_I(t) = \sum_{l=-\infty}^{\infty} g(lT_0)\delta(t-lT_0) \tag{5.14}$$

となる．図5.3に関数 $g(t)$ がインパルス標本化関数 $s_I(t)$ によって周期 T_0 で標本化される様子を示す．

さて，標本化された関数は，任意の関数 $g(t)$ とインパルス標本化関数 $s_I(t)$ の積で与えられるから，第1章で学んだ結果を用いると，その周波数スペクトル $G_{I,sample}(f)$ は，$g(t)$ のフーリエ変換 $G(f)$ とインパルス標本化関数 $s_I(t)$ のフーリエ変換 $S_I(f)$ のたたみ込みで表される．すなわち，

$$\begin{aligned} G_{I,sample}(f) &= G(f) \otimes S_I(f) \\ &= \int_{-\infty}^{\infty} G(\tau)S_I(f-\tau)d\tau \\ &= \int_{-\infty}^{\infty} \frac{1}{T_0}\sum_{n=-\infty}^{\infty} G(\tau)\delta(f-\tau-nf_0)d\tau \\ &= \frac{1}{T_0}\sum_{n=-\infty}^{\infty} G(f-n/T_0) \end{aligned} \tag{5.15}$$

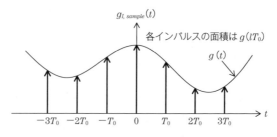

図5.3 インパルス列による関数の標本化

で与えられる．

式 (5.15) からわかるように，$G_{I,sample}(f)$ は $G(f)$ を周期 $1/T_0$ で配列したものになる．この様子を**図 5.4** に模式的に示す．

我々の目的は，ディジタル通信が可能な条件を求めることである．すなわち，インパルス標本化関数によって，元の関数 $g(t)$ を標本化された関数によっても，情報を正しく送ることができる条件を求めることが以下の議論の主眼である．図 5.4 を参照すると，元の関数 $g(t)$ を復元するには，図中に示したような $G(f)$ を完全に包み込むような低域通過フィルタを用いて，標本化された関数から $G(f)$ を抽出すればよいことがわかる．しかし，図 5.4 を更に注意深く観察すると，この図は，

$$\frac{1}{2T_0} \geq f_{\max} \tag{5.16}$$

なる条件を仮定して描かれていることがわかる．その逆に式 (5.16) が満足されないような条件下では，隣接するスペクトルが互いに重なり合うことが容易にわかる．この状態で先程述べたように低域通過フィルタを用いて $G(f)$ を抽出しようとしても，隣接したスペクトルが干渉してくるため，これはもはや不可能である．

以上の議論を総合すると，式 (5.16) が元の関数を標本化した関数から元の関数を復元するための条件であることがわかる．詳細な証明は後述するが，現代のディジタル通信の根幹を支える標本化定理は，式 (5.16) から導かれる．すなわち，標本化周波数を f_{sample} とすると，式 (5.16) より，

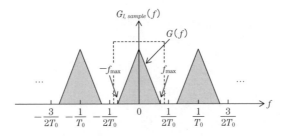

図 5.4 標本化された関数の周波数スペクトル

$$f_{sample} = \frac{1}{T_0} \geq 2f_{max} \tag{5.17}$$

が必要となる．

式(5.17)は以下のことを示している．
・標本化された関数から元の関数を再現するためには，標本化周波数は元の関数の最高周波数の2倍以上である必要がある．

これを標本化定理という．ここで元の関数の最高周波数の2倍の周波数，すなわち$2f_{max}$をナイキスト（Nyquist）の標本化周波数という．

また，標本化定理について別の見地から表現すると，
・最高周波数がf_{max}(Hz)に帯域制限された関数は，$1/2f_{max}$(秒)ごとにとられた標本値によって完全に再現できる．
ということもできるが，これは以下の標本化定理の証明によって示される．

まず，元の帯域制限された情報関数を$g(t)$，そのフーリエ変換を$G(f)$とする．ここで$G(f)$の最高周波数をf_{max}とすると，

$$G(f) = 0, \quad |f| > f_{max} \tag{5.18}$$

である．$G(f)$のスペクトルは，$(-f_{max}, f_{max})$の範囲に限られて存在しているが，これは見方を変えると，$G(f)$は周波数軸上の$(-f_{max}, f_{max})$の範囲で周期$2f_{max}$の周期関数であるとみなすことができる点に注目する．

そこで$G(f)$を$(-f_{max}, f_{max})$の範囲でフーリエ級数展開することを考える．第1章の式(1.12)，(1.13)より，

$$G(f) = \sum_{n=-\infty}^{\infty} c_n \exp\left(\frac{j2\pi nf}{2f_{max}}\right) = \sum_{n=-\infty}^{\infty} c_n \exp\left(\frac{j\pi nf}{f_{max}}\right) \tag{5.19}$$

ここでc_nは，

$$c_n = \frac{1}{2f_{max}} \int_{-f_{max}}^{f_{max}} G(f) \exp\left(-\frac{j\pi nf}{f_{max}}\right) df \tag{5.20}$$

これより，

$$c_{-n} = \frac{1}{2f_{max}} \int_{-f_{max}}^{f_{max}} G(f) \exp\left(\frac{j\pi nf}{f_{max}}\right) df \tag{5.21}$$

式(5.18)を考慮すると，

$$g(t) = \int_{-f_{\max}}^{f_{\max}} G(f)\exp(j2\pi ft)df \tag{5.22}$$

であるから，式（5.21），（5.22）より，

$$c_{-n} = \frac{1}{2f_{\max}} g\left(\frac{n}{2f_{\max}}\right) \tag{5.23}$$

となる．すなわち，フーリエ級数展開の係数は，ナイキストの標本化周波数で元の関数を標本化した値に比例することがわかる．式（5.23）を式（5.19）に代入して，

$$G(f) = \frac{1}{2f_{\max}} \sum_{n=-\infty}^{\infty} g\left(\frac{n}{2f_{\max}}\right)\exp\left(-\frac{j\pi nf}{f_{\max}}\right), \quad |f| \leq f_{\max} \tag{5.24}$$

更に式（5.24）を式（5.22）に代入すると，

$$\begin{aligned}
g(t) &= \int_{-f_{\max}}^{f_{\max}} \frac{1}{2f_{\max}} \sum_{n=-\infty}^{\infty} g\left(\frac{n}{2f_{\max}}\right)\exp\left(-\frac{j\pi nf}{f_{\max}}\right)\exp(j2\pi ft)df \\
&= \frac{1}{2f_{\max}} \sum_{n=-\infty}^{\infty} g\left(\frac{n}{2f_{\max}}\right) \int_{-f_{\max}}^{f_{\max}} \exp\{j2\pi f(t - n/2f_{\max})\}df \\
&= \sum_{n=-\infty}^{\infty} g\left(\frac{n}{2f_{\max}}\right) \frac{\sin[2\pi f_{\max}(t - n/2f_{\max})]}{2\pi f_{\max}(t - n/2f_{\max})}
\end{aligned} \tag{5.25}$$

式（5.25）の導出にあたっての指数関数の積分は，指数関数を三角関数に展開して積分すれば簡単に導くことができる．

　式（5.25）は標本化定理そのものを表していることに注目されたい．すなわち，帯域制限された実数関数は，$1/2f_{\max}$ ごとに標本化された値 $g(n/2f_{\max})$ で完全に決定されることを，式（5.25）は直接的に表しているわけである．

　式（5.25）の各項は，$\sin x/x$ の形の関数を適宜遅延させたものであり，この形の関数を標本化関数（sampling function）という．**図 5.5** は，ある信号波形を仮定し，この波形および式（5.25）に現れている標本化関数の各成分を計算した結果を示す．各標本時刻 $n/2f_m$ におけるその振幅は標本値に等しくなっているが，その理由は標本化関数の性質により，n に対応した標本化関数のみが $n/2f_m$ に値を持つことによる．更にそのほかの時刻においても各項の総和を求めると，その値は $g(t)$ となる．

　ここで標本化関数について少し考察を行う．なお，式（5.25）で $n=0$ と

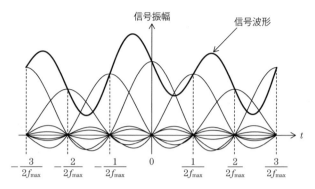

図 5.5 標本化関数による信号の表現

して得られる標本化関数は，遮断周波数 f_L の理想低域通過フィルタのインパルス応答に等しいことを以下に示す．

すなわち，第1章の式 (1.38)，(1.48) より，遮断周波数 f_L の理想低域通過フィルタのインパルス応答は，理想低域通過フィルタが $(-f_L, f_L)$ の間しか値（=1）を持たないことに注意して，

$$h(t) = \int_{-f_L}^{f_L} \exp(j2\pi ft) df$$
$$= \frac{\sin 2\pi f_L t}{\pi t} = 2f_L \frac{\sin 2\pi f_L t}{2\pi f_L t} \quad (5.26)$$

となり，理想低域通過フィルタのインパルス応答は，標本化関数であることが示された．

本節で説明した標本化定理は，現代のディジタル通信方式における基礎となっている．すなわち，最高周波数を $f_{\max}$ とした信号については，その波形全体を伝送する必要はなく，$1/2f_{\max}$ おきの標本値だけを伝送すればよいことが，本節の議論によって示されたわけである．

5.2 有限幅パルスによる標本化

5.1 節では，インパルス列によって信号波形をナイキストの標本化周波数で標本化することにより，標本化された値を用いて正しく伝送することが可能であることを示した．しかしながら，インパルス列を物理的に実現するこ

とは不可能である．実際の通信においては，インパルス列を有限の振幅である幅を有するパルス列によって代用している．本節では，このような有限幅を有するパルス列によって標本化した場合であっても，前節で述べたのと同様な結論が導かれることを示す．

そこで標本化のための関数として，幅 T_P の矩形パルス列 $s_P(t)$ を考える．また，伝送したい信号 $g(t)$ と $s_P(t)$ の乗積によって得られる標本化されたデータ関数 $g_{P,sample}(t)$ を図 5.6 に示す．

ここで最も重要な点は，有限の幅の矩形パルス列を標本化パルス列として用いることによっても，標本化定理に従って信号波形を標本化することにより，信号波形を正しく伝送できることを証明することであり，以下にその議論を行う．

まず矩形パルス列 $s_P(t)$ は，数学的には時間軸の原点で起こる単一パルス $s_{P_0}(t)$ と式 (5.1) のインパルス列 $s_I(t)$ とのたたみ込みによって与えられる．

$$s_P(t) = s_{P0}(t) \otimes s_I(t) = \sum_{l=-\infty}^{\infty} s_{P0}(t - lT_0) \tag{5.27}$$

ただしここで，

$$\begin{aligned} s_{P0}(t) &= 1, \quad |t| \leq T_P/2 \\ &= 0, \quad |t| > T_P/2 \end{aligned} \tag{5.28}$$

である．

ここで $s_{P_0}(t)$ のフーリエ変換を $S_{P_0}(f)$ とすると，

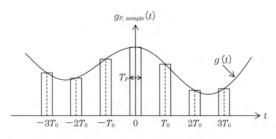

図 5.6 矩形パルス列による関数の標本化

$$S_{P0}(f) = \int_{-T_P/2}^{T_P/2} \exp(-j2\pi ft) dt$$

$$= T_P \frac{\sin \pi f T_P}{\pi f T_P} \qquad (5.29)$$

したがって，式 (5.13), (5.27), (5.29) より, $s_P(t)$ のフーリエ変換 $S_P(f)$ は，

$$S_P(f) = S_{P0}(f) S_I(f)$$

$$= T_P \frac{\sin \pi f T_P}{\pi f T_P} \frac{1}{T_0} \sum_{n=-\infty}^{\infty} \delta(f - nf_0)$$

$$= \frac{T_P}{T_0} \sum_{n=-\infty}^{\infty} \frac{\sin(\pi n T_P / T_0)}{\pi n T_P / T_0} \delta(f - n/T_0) \qquad (5.30)$$

となる．式 (5.30) と (5.13) を比較すると，これらの違いは T_P/T_0 で決まる係数の有無の違いのみであることがわかる．矩形波パルス列で標本化後の信号 $g_{P,sample}(t)$ は矩形パルス列 $s_P(t)$ と信号波形 $g(t)$ の乗積によって作られる．すなわち，

$$g_{P,sample}(t) = g(t) s_P(t) = g(t)[s_{P0}(t) \otimes s_I(t)] \qquad (5.31)$$

したがって $g_{P,sample}(t)$ のフーリエ変換 $G_{P,sample}(f)$ は，

$$G_{P,sample}(f) = G(f) \otimes S_P(f) = G(f) \otimes [S_{P0}(f) S_I(f)] \qquad (5.32)$$

となる．式 (5.32) に式 (5.30) を代入すると，

$$G_{P,sample}(f) = G(f) \otimes [S_{P0}(f) S_I(f)]$$

$$= G(f) \otimes \left[\frac{T_P}{T_0} \sum_{n=-\infty}^{\infty} \frac{\sin(\pi n T_P / T_0)}{\pi n T_P / T_0} \delta(f - n/T_0) \right]$$

$$= \frac{T_P}{T_0} \int_{-\infty}^{\infty} \sum_{n=-\infty}^{\infty} \frac{\sin(\pi n T_P / T_0)}{\pi n T_P / T_0} G(\tau) \delta(f - \tau - n/T_0) d\tau$$

$$= \frac{T_P}{T_0} \sum_{n=-\infty}^{\infty} \frac{\sin(\pi n T_P / T_0)}{\pi n T_P / T_0} G(f - n/T_0)$$

$$= T_P \sum_{n=-\infty}^{\infty} \frac{\sin(\pi n T_P / T_0)}{\pi n T_P / T_0} G_{I,sample}(f) \qquad (5.33)$$

これより，$G_{P,sample}(f)$ と $G_{I,sample}(f)$ の違いは係数のみであり，図 5.4 を用いて行った議論はそのまま成り立つ．したがって，矩形パルス列で標本化を行う場合も，標本化定理に基づいてナイキストの標本化周波数以上の周波数

で標本化を行えばよいことがわかった．

本節で述べたように，パルスの振幅を標本値として伝送する方式をパルス振幅変調（pulse amplitude modulation；PAM）という．

5.3 パルス符号変調

前節で述べたパルス振幅変調を用いて信号を伝送することを考えると，信号の標本値の振幅をそのまま伝送することになる．しかし，実際には伝送路中で受ける雑音などの影響のために，各標本値を正しく伝送することは困難である．そこで，標本値に近い離散的なレベルで標本値を代表させて送ることが考えられる．すなわち，あらかじめ送信する振幅レベルを離散的に決めておき，信号を標本化したときに，真の標本値に最も近い離散的振幅レベルで送信する．このようにすれば，受信器で受信した信号に雑音が含まれていても，どの離散レベルの信号かをより容易に見分けることができるものと考えられる．上述したように，離散的な振幅レベルによって信号を表現することを，量子化（quantizing）という．図 5.7 に量子化前後の信号の例を示す．図 5.7 に示したように，量子化過程においては，標本化された振幅値は，あらかじめ決められた離散レベル（量子化レベル）のうちの最も近いものに置き換えられる．

上述したように，量子化過程によって，アナログ信号からディジタル信号への変換が行われることがわかる．そして，一旦量子化された信号は，たとえ雑音がなくても，もはや最初のアナログ信号に戻すことはできないことが

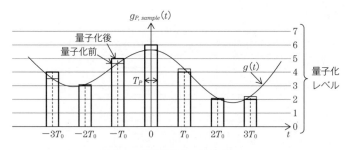

図 5.7 量子化前後の信号パルス

わかる．すなわち，量子化過程においては，信号振幅を量子化レベルに対応づける際に雑音が発生する．この雑音を量子化雑音（qauantization noise）という．量子化後の信号レベルを $g_Q(t)$ とすると，量子化雑音 $q(t)$ は，

$$q(t) = g_{P,sample}(t) - g_Q(t) \tag{5.34}$$

と定義される．この量子化雑音は，量子化レベルの間隔を十分に小さくすれば，ほとんどの場合，無視できる程度ものである．

上記の量子化過程を経た信号をそのまま伝送することも可能であるが，量子化雑音を小さくするために，非常に多くの量子化レベルを許すと，受信側ではこれらのレベルを誤りなく識別することが困難となり，量子化の利点が失われてしまう．そこで，通常は量子化した信号を符号化（coding）して，離散的な振幅レベルを，少ないレベル数，例えば2レベルを持つパルスの組み合わせに変換することが行われる．

通常の符号化過程では，標本化後，量子化された信号パルスを，2つのレベルをもつパルス，すなわち2進パルスからなる符号に変換する．2進パルスには，次の二つの種類がある．一つは，単極性（unipolar）パルスといわれ，パルスは"1"，"0"の二つの状態を取りうる．他方は，両極性（bipolar）パルスといわれ，パルスは"+1"，"-1"の二つの状態をとる．**表 5.1** に2進パルスを用いた符号への変換方法の一例を，振幅レベルが0～7の8段階である場合について示す．

もちろん2レベル以上のパルスによって，振幅を符号化することも可能である．一般に m 個のレベルをもつパルスを n 個用いることによって，m^n 段階の量子化レベルを表現することができる．

表 5.1 2進パルスを用いた符号化の例

振幅レベル	単極性パルス	両極性パルス
0	0 0 0	−1 −1 −1
1	0 0 1	−1 −1 1
2	0 1 0	−1 1 −1
3	0 1 1	−1 1 1
4	1 0 0	1 −1 −1
5	1 0 1	1 −1 1
6	1 1 0	1 1 −1
7	1 1 1	1 1 1

ここでは2進パルスを用いた符号化について説明する．図 5.7 で量子化を行った 0〜7 の振幅レベルを有するパルスについて，2 進パルス符号化を行った結果を**図 5.8** に示す．量子化後のパルスは表 5.1 に従って単極性パルスに変換されている．

以上，情報を伝送する際に，標本化，量子化，符号化という三つの過程が存在することを学んだが，これらの過程を用いた伝送方式をパルス符号変調 (pulse code modulation; PCM) 方式と呼んでいる．**図 5.9** にパルス符号変調を用いた伝送系のブロック図を示す．まず最高周波数 $f_{\max}$ に帯域制限された情報信号は，標本化定理に従って標本化され，PAM 信号が得られる．PAM 信号は量子化され，その後符号化回路で符号化され，PCM 信号となって伝送路に送出される．

ここで PCM 符号化の過程で 1 つのパルスを n 個のパルスに変換すると仮定する．帯域幅 $f_{\max}$ である信号を PCM 符号化によって伝送するには，標本化定理によれば，1 秒間に $2f_{\max}$ 個の標本化されたパルス信号が必要である．したがって，これらのパルス信号に上記 PCM 符号化を施すことを考えると，PCM 符号化されたパルス信号は，$2nf_{\max}$ 個 / 秒の割合で伝送しなければならない．このことより，図 5.9 で示される伝送システムでは，

$$B = nf_{\max} \tag{5.35}$$

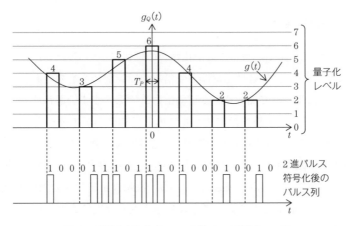

図 5.8 量子化されたパルスの 2 進パルス符号化の一例

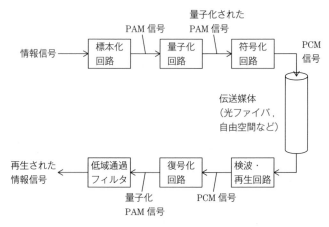

図 5.9 パルス符号変調方式を示すブロック図

の帯域幅が必要であることを意味している．このように，PCM 符号化を行う場合には，必要な帯域は情報信号の有する帯域の n 倍になる点に注意されたい．

伝送媒体を通過した PCM 信号は，受信側の検波・再生回路で雑音や歪みが除去され整形されたパルスに再生される．再生されたパルスは復号化回路で復号され，量子化された PAM 信号となる．この PAM 信号は，遮断周波数 f_{max} の低域通過フィルタを通過した後，情報信号が再生される．

5.4 量子化雑音

本節では，5.3 節で説明した量子化雑音の性質について述べる．PCM 伝送系において，伝送路雑音は送信器と受信器の間で加わるものであるが，量子化雑音は送信側だけで加わり，受信器出力までそのまま伝送される．

5.3 節では正の値を持つ標本化パルスの量子化について述べたが，ここでは更に一般化して，正負の値を持つ標本化パルスの量子化を考えると，量子化の過程は，**図 5.10** に示すような入出力特性で表される．ここで横軸は 5.2 節で述べた標本化パルスの振幅 $g_{P,sample}(t)$，縦軸は量子化後の振幅 $g_Q(t)$ である．また，s は量子化のステップの大きさを表す．更に標本化パルスの振幅の平均値は 0 で，最大値と最小値の差は V であるとする．

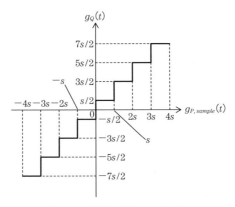

図 5.10 量子化回路の入出力特性

5.3 節で述べたように，2 進パルスで n 個のパルスからなる PCM 信号を考えた場合，量子化回路では 2^n 個の振幅レベルを表現できる．したがって，量子化ステップ s の大きさは，

$$s = V/2^n \tag{5.36}$$

となる．このステップ s を用いて，量子化後の出力レベルは，図 5.10 に示すように，$\pm s/2$，$\pm 3s/2$，$\pm 5s/2$，$\cdots$，$\pm (2^n-1)s/2$ の値をとる．

図 5.10 からわかるように，入力信号が $V = 2^n s$ の振幅範囲に広がっているが，量子化された信号振幅の範囲は，$(2^n-1)s = V-s$ となっている点に注意されたい．

ここで，式 (5.34) で表される量子化雑音の性質について考える．量子化雑音特有の性質として重要な点は，その振幅が量子化ステップの半分を超えないことである．すなわち，

$$|q(t)| < \frac{s}{2} \tag{5.37}$$

が成り立つ．この性質を考慮し，また十分に長い時間をとれば，量子化雑音の振幅分布は，$(-s/2, s/2)$ の範囲で一様であると考えることができるので，量子化雑音の二乗平均値は，

$$\overline{q(t)^2} = \frac{1}{s}\int_{-s/2}^{s/2} q^2 \, dq = \frac{s^2}{12} \tag{5.38}$$

で与えられる．すなわち，量子化雑音を低減化するには，量子化ステップを小さくすればよいことがわかる．しかしながら，量子化ステップを小さくすると，それに伴い，PCM 符号化されたパルスの数が増えていくため，伝送路の帯域が増大してしまう．実際には，実用上必要な信号品質を元にして，量子化ステップを決定することが行われる．

5.5 符号化パルスの検出

本節では，5.3 節で述べた符号化パルスの検出に伴う符号誤り率の理論について述べる．

図 5.9 の検波・再生回路内の低域通過フィルタの出力で，パルスの振幅が A であり，このパルスに雑音 $n(t)$ が加わっていると仮定する．低域通過フィルタを通しているから，雑音の帯域幅は，パルスのそれと同一である．

ここで，低域通過フィルタの出力 $d_R(t)$ をパルスのピークが生じる時刻 $t = T_0$ で標本化した信号の振幅 $d_{R,sample}(T_0)$ を考える．パルスが存在するときは，標本化された低域通過フィルタ出力 $d_{R,sample}(T_0)$ は雑音の標本値 $n(T_0)$ とパルスの振幅 A との和である．またパルスのないとき，$d_{R,sample}(T_0)$ は雑音によるものだけになる．したがって，

$$d_{R,sample}(T_0) = n(T_0) + A, \quad \text{パルスがあるとき} \tag{5.39}$$

$$d_{R,sample}(T_0) = n(T_0), \quad \text{パルスがないとき} \tag{5.40}$$

となる．パルスのあり（仮にこれを論理値"1"，あるいは"マーク"と呼ぶこともある），なし（論理値"0"あるいは"スペース"）を判断するための判定スレッショールド（閾値）レベルは，論理値"1"，"0"のパルスの振幅を表す確率分布が同等のものであれば，パルスの振幅の 1/2，すなわち $A/2$ に設定されるのが普通である．例えば，$d_{R,sample}(T_0)$ が $A/2$ を超えていれば論理値"1"と判断され，それ以外の場合には"0"と判断される．

パルスの検出誤りは，"0"であるにも関わらず，雑音の存在により"1"と判断される場合，およびその逆の場合に生じる．パルス誤りが発生する確率を符号誤り率と呼び，これを P_e とすると，P_e は次式で計算できる．

$$P_e = \frac{1}{2}p\left[d_{R,sample}(T_0) > \frac{A}{2} \mid d_{R,sample}(T_0) = n(T_0)\right]$$
$$+ \frac{1}{2}p\left[d_{R,sample}(T_0) < \frac{A}{2} \mid d_{R,sample}(T_0) = n(T_0) + A\right] \quad (5.41)$$

ただしここで p [事象 B| 事象 A] は，事象 A が起きた条件のもとで事象 B が起きる条件付き確率を表す．

実際の光通信システムにおいて符号誤り率を測定するには，送出したビット数と誤って受信されたビット数を用いて，以下の式を用いて測定を行う．

$$符号誤り率 = \frac{誤って受信されたビット数}{送出したビット数} \quad (5.42)$$

ここで雑音 $n(t)$ は平均値 0, 平均電力 $N = \overline{n^2}$ なるガウス雑音であるとする．ただし N は低域通過フィルタ出力における全平均雑音電力である．

まずパルスがない場合には，その確率密度関数は，

$$p_0[d_{R,sample}(T_0)] = \frac{1}{\sqrt{2\pi N}} \exp\left[\frac{-\{d_{R,sample}(T_0)\}^2}{2N}\right] \quad (5.43)$$

またパルスがある場合には，

$$p_1[d_{R,sample}(T_0)] = \frac{1}{\sqrt{2\pi N}} \exp\left[\frac{-\{d_{R,sample}(T_0) - A\}^2}{2N}\right] \quad (5.44)$$

となる．式 (5.43), (5.44) を図 **5.11** に示す．図 5.11 に符号誤りが生じる範囲を斜線で示しているので式 (5.41) と対比されたい．

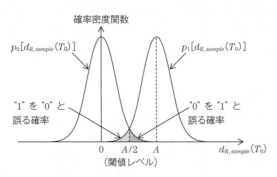

図 **5.11** 信号パルスの振幅と確率密度関数

さて，式 (5.41) の 2 項は同一の値であることは容易にわかる．したがって，符号誤り率はより簡単になり，

$$P_e = p\left[d_{R,sample}(T_0) > \frac{A}{2} \mid d_{R,sample}(T_0) = n(T_0)\right]$$

$$= \int_{A/2}^{\infty} \frac{1}{\sqrt{2\pi N}} \exp\left[\frac{-\{d_{R,sample}(T_0)\}^2}{2N}\right] d\{d_{R,sample}(T_0)\} \quad (5.45)$$

ここで $\lambda = d_{R,sample}(T_0)/\sqrt{2N}$ とおくと，$\sqrt{2N}\,d\lambda = d\{d_{R,sample}(T_0)\}$ であるから，

$$P_e = \frac{1}{\sqrt{\pi}} \int_{\frac{A}{2\sqrt{2N}}}^{\infty} \exp(-\lambda^2) d\lambda \quad (5.46)$$

となる．

ここで次のように定義される誤差関数 erf，補誤差関数 erfc を導入する．

$$\mathrm{erf}(x) = \frac{2}{\sqrt{\pi}} \int_0^x \exp(-t^2) dt \quad (5.47)$$

$$\mathrm{erfc}(x) = 1 - \mathrm{erf}(x) = \frac{2}{\sqrt{\pi}} \int_x^{\infty} \exp(-t^2) dt \quad (5.48)$$

すると，式 (5.46) は補誤差関数を用いて次のように表される．

$$P_e = \frac{1}{2} \mathrm{erfc}\left[\frac{A}{2\sqrt{2N}}\right] \quad (5.49)$$

ここでパルスのピーク信号電力対雑音比を γ_p とすると，

$$\gamma_p = \frac{A^2}{N} \quad (5.50)$$

となる．通常のディジタル通信ではパルスのある場合とない場合は，それぞれ 50% ずつに調整されていることが多く，この場合パルスがない場合も含めた信号対雑音比 γ_0 は，信号電力が式 (5.50) の半分になることに注意して，

$$\gamma_0 = \frac{A^2}{2N} \quad (5.51)$$

となる．したがって，式 (5.49) は γ_0 を用いて，

$$P_e = \frac{1}{2} \mathrm{erfc}\left[\frac{1}{2}\sqrt{\gamma_0}\right] = \frac{1}{2} \mathrm{erfc}\left[\sqrt{\frac{\gamma_0}{4}}\right] \quad (5.52)$$

となる．

図 5.12 に式 (5.52) をプロットした様子を示す．図 5.12 からわかるように，信号対雑音比が増すと，符号誤り率は急速に減少することがわかる．反対に信号対雑音比が減少していくと，符号誤り率は急速に劣化する．したがって，ディジタル通信方式においては，符号誤り率が所定の値以上になるようにシステムを設計して，所望の符号誤り率特性を実現するようにしている．

参考文献

(1) S. スタイン，J. J. ジョーンズ原著，関英男，野坂邦史，柳平英孝訳，"現代の通信回線理論,"森北出版，東京，1970.
(2) 安達文幸，"通信システム工学,"朝倉書店，東京，2007.

演習問題

1. 正弦波信号 $s(t) = A\cos(16\pi t)$, $-\infty < t < \infty$ を考える．このとき $[s(t)]^2$ について，ナイキストの標本化周波数を求めよ．
2. 正弦波信号 $s(t) = 2\cos(4\pi t) + 3\cos(3\pi t) + 4\cos(2\pi t)$, $-\infty < t < \infty$ を考える．このとき $s(t)$ について，ナイキストの標本化周波数を求めよ．
3. ある信号波形を一定時間間隔で標本化したところ，図 5.13 のようなパルス列が得られた．ただし，各パルスの上部に書かれている数値は，標本

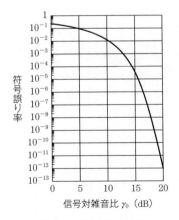

図 5.12 符号誤り率特性

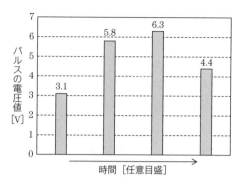

図 5.13 標本化されたパルス列

化した後のパルスのレベル（単位は V）である．このとき，以下の問に答えよ．

（1）図のパルス列を，0V, 1V, 2V, 3V, 4V, 5V, 6V, 7V の 8 レベルで量子化を行う量子化回路に入力したとき，量子化回路の出力信号パルス列を図示せよ．

（2）上記（1）において，標本化パルス列を量子化したことにより発生した量子化雑音を，4 つのパルスに対してそれぞれ求めよ．

（3）次に（1）で量子化された信号を，単極性符号パルスで 2 進符号化する．2 進符号化によって得られたパルス列を図示せよ．

4. 符号誤り率に関する以下の問に答えよ．

（1）符号誤り率の定義について説明せよ．

（2）10Gbit/s の伝送速度で，10 秒間，2 値のビット列を送信し，伝送路を通過させた後に受信したところ，伝送路の雑音などの影響によって，受信されたビット列のうち 35 ビットが誤って受信された．このときの符号誤り率を求めよ．

第 6 章

多重通信方式

　これまでの各章では，単一の情報源から単一の使用者へ情報を伝送する場合について論じた．しかし，実際の通信系では，ある場所の多くの情報源から別の場所の多くの使用者へ，多くの情報を同時に伝送する必要がしばしば生じる．

　多重通信方式は，このような必要性を解決する方法である．本章ではこのような多重通信方式について論じる．

6.1　周波数分割多重

　一般的な多重通信方式として代表的なものの一つが，周波数分割多重 (frequency-division multiplexing；FDM) 方式である[1]．FDM 方式においては，周波数軸上で情報信号を多重する．

　図 6.1 に FDM 方式のブロック図を示す．多重される各入力情報信号 $v_1(t) \sim v_N(t)$ は，低域通過フィルタで最高周波数 f_m に制限される．すなわち，情報信号の帯域制限を行うことにより，周波数軸上に配列したときに，隣接信号のスペクトルが重なることを防ぐことができる．

　各情報信号 $v_1(t) \sim v_N(t)$ は，それぞれ周波数 $f_1 \sim f_N$ の搬送波を用いて個々に用意された変調器により変調される．ここでそれぞれの変調器による変調方式は，一般的には同じである場合が多いが，変調後の周波数スペクトラムが重なり合わない限り，別々の変調方式であっても差し支えない．すなわち，

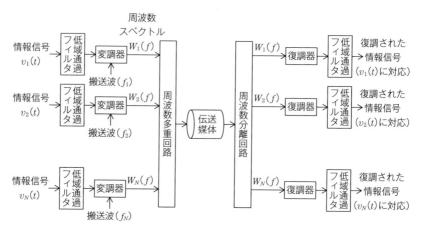

図 6.1 周波数分割多重通信方式

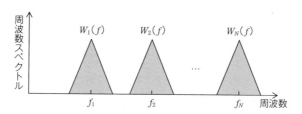

図 6.2 周波数分割多重された信号の周波数スペクトル

FDM 方式においては，個々の情報信号に適用する変調方式は，一定の条件のもとで自由に選択可能である．

上記のように各搬送波で変調された信号は，周波数多重回路によって周波数軸上で多重される．この様子を**図 6.2**に示す．情報信号 $v_1(t) \sim v_N(t)$ によって周波数 $f_1 \sim f_N$ の搬送波を用いて変調された信号のフーリエ変換を $W_1(f) \sim W_N(f)$ とした場合，各周波数スペクトルは，図 6.2 に示すように周波数軸上に重なりがないように配置される．このように，周波数資源を有効に用いて，一つの伝送路に信号を多重するという考え方が FDM 方式の基本である．

図 6.1 の周波数多重回路によって多重された信号（FDM 信号）は，伝送媒体（例えば，無線通信の場合には自由空間，また光ファイバ伝送の場合に

は光ファイバ）を伝送し，受信側に達する．受信側に設置された周波数分離回路は，図6.2のように周波数軸上に配置されたFDM信号を，各信号成分に分離する役割を有する．分離された信号は，それぞれの信号に施された変調方式に対応した復調器により復調される．復調信号は，低域通過フィルタを通過し，情報信号 $v_1(t) \sim v_N(t)$ が再生される．

上記のように，FDM方式は周波数軸上に情報信号を多重して，伝送媒体を最大限に活用する方式である．

6.2 時分割多重

時分割多重（time-division multiplexing；TDM）方式は，FDM方式とは異なり，時間軸上で信号の多重を行って伝送する方式である[1]．

図 6.3 に時分割多重方式のブロック図を示す．TDM方式においても，情報信号は低域通過フィルタによって帯域制限される．その理由は，第5章で学んだ標本化定理によって，標本化周波数は情報信号の有する最高周波数に依存するため，標本化周波数を適切な値に設定するために，全ての情報信号の最高周波数を制限しておくためである．

TDM方式においては，標本化は入力の時分割多重回路によって行われる．これは N 個の全ての情報信号入力を，1周期（T_0）に1度の割合で順番に標本化する装置である．標本化周波数は，第5章で学んだように，情報信号

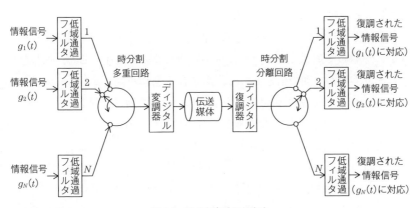

図 6.3 時分割多重通信方式

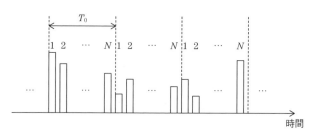

図 6.4 時分割多重による標本化パルスの多重化

の最高周波数成分の 2 倍以上である必要がある．図 6.4 に情報信号 $g_1(t) \sim g_N(t)$ が時分割多重回路によって標本化され，時間 T_0 の中に順次配置される様子を示す．図 6.4 の $1 \sim N$ は，それぞれ情報信号 $g_1(t) \sim g_N(t)$ が標本化時点で標本化されたパルス信号に対応している．

時分割多重回路の機能は，N 個の各情報信号入力を狭いパルスで標本化することと，N 個の標本化パルスを時間 T_0 の間に順序よく挿入することである．このようにして時分割多重化されたパルス信号はディジタル変調器に入力され，システムにおいて決められた変調方式によって変調された後，伝送媒体に入力される．

伝送媒体を伝送した信号は，図 6.3 に示すようにディジタル復調器で復調された後，時分割多重回路と逆の動作を行う時分割分離回路によって各情報信号に対応した成分に分離される．分離された各信号は低域通過フィルタを通過し，各情報信号が再生される．

上記動作においては，時分割多重回路と時分割分離回路が同期して動作することが極めて重要である．これらが同期しないで動作すると，情報信号 $g_1(t) \sim g_N(t)$ が，別の信号として復調される恐れが生じる．この問題を解決するために，TDM 方式では，多重されたパルス列に特別な同期用パルスを挿入することにより，同期を確実なものにしている．

上述したように，TDM 方式では，多重のない方式における 1 つのパルス時間長の中に，N 個のパルスを詰め込む必要があるので，帯域幅は N 倍に広がる．一般的には，更に第 5 章で述べた PCM などの符号化方式が用いられることが多く，このような符号化をおこなった場合には，1 つの情報を送

るためのビット数が増えるため,更に帯域は広がることとなる.

また TDM 方式においては,図 6.4 に示すように,情報信号 $g_1(t) \sim g_N(t)$ を1ビットごとに多重化するビット多重方式と,1バイト(8ビット)をひとまとめとして,バイトごとに多重化するバイト多重方式がある.

アナログ FDM 方式は,アナログ電話全盛の時代には,陸上伝送路,衛星伝送路など,幅広い範囲で用いられたが,その後,電話信号の伝送にディジタル伝送が用いられるようになってから急速に衰退した.電話信号を伝送する方式としては,現在では主に TDM 方式が用いられている.一方,TDM 方式によって時間軸上で多重された信号を,更に FDM 方式によって周波数軸上で多重することが,現在の通信システムでは広く行われており,このような方式は,無線,有線を問わず幅広く用いられている.

6.3 符号分割多重

符号分割多重(code-division multiplexing;CDM)方式は,FDM,TDM 方式とは異なり,送信するデータ信号に,拡散信号というそれぞれ異なった信号系列を乗算して周波数スペクトルを拡散し,その後多重して伝送する方式である[2].

図 **6.5** に CDM 方式の一例を説明するためのブロック図を示す.1と0の単極性パルスに符号化された信号 $i(i=1, 2, \cdots, N)$ は,両極性パルス変

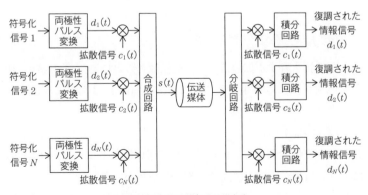

図 **6.5** 符号分割多重通信方式

換器で+1,−1の両極性パルス信号 $d_i(t)$ に変換される．拡散信号 $c_i(t)$ は信号 $d_i(t)$ よりも繰り返し周期が速く，ある特定の+1と−1の符号パターンを有する信号であり，i に対して異なる符号パターンを有するように設定されている．図6.5に示すように，両極性パルス信号 $d_i(t)$ に拡散信号 $c_i(t)$ を乗算し，合成回路で合成した後の信号 $s(t)$ は次のように表される．

$$s(t)=\sum_{j=1}^{N}c_j(t)d_j(t) \tag{6.1}$$

受信側では，分岐回路で信号を各信号の受信系に分岐した後，送信時に乗算したものと同じ拡散信号を乗算し，$d_i(t)$ のデータ長 T_0 にわたって積分回路で積分することにより，所望の信号が受信できる．以下にその理由を示す．式 (6.1) で表される信号に拡散信号 $c_i(t)$ を乗算し積分すると，その出力信号 $r_i(t)$ は，

$$\begin{aligned}r_i(t)&=\frac{1}{T_0}\int_0^{T_0}c_i(t)s(t)dt\\&=\frac{1}{T_0}\int_0^{T_0}c_i(t)\sum_{j=1}^{N}c_j(t)d_j(t)dt\\&=d_i(t)\frac{1}{T_0}\int_0^{T_0}c_i^2(t)dt+\sum_{j\neq i}^{N}d_j(t)\frac{1}{T_0}\int_0^{T_0}c_i(t)c_j(t)dt\end{aligned} \tag{6.2}$$

となる．ここで拡散信号を以下の条件を満たすように選ぶ．

$$\frac{1}{T_0}\int_0^{T_0}c_i(t)c_j(t)dt=1 \quad for \quad j=i \tag{6.3 a}$$

$$\frac{1}{T_0}\int_0^{T_0}c_i(t)c_j(t)dt=0 \quad for \quad j\neq i \tag{6.3 b}$$

このような性質を有する拡散信号を直交拡散信号という．式 (6.3 a), (6.3 b) を満たす直交拡散信号を用いることにより式 (6.2) は次のようになることがわかる．

$$r_i(t)=d_i(t) \tag{6.4}$$

すなわち，直交拡散信号を拡散信号として用いることにより，図6.5のシステムにより各信号が正しく復調できることがわかった．

上述したように，CDM方式は，異なる拡散信号を用いて，符号空間上で

情報信号を多重する方式である．CDM方式は，第3世代携帯電話システムなどに用いられている．

参考文献

（1） S. スタイン，J. J. ジョーンズ原著，関英男，野坂邦史，柳平英孝訳，"現代の通信回線理論，" 森北出版，東京，1970．
（2） 安達文幸，"通信システム工学，" 朝倉書店，東京，2007．

演習問題

1. 周波数分割多重（FDM）通信方式，時分割多重（TDM）通信方式，符号分割多重（CDM）通信方式の特徴について，それぞれ説明せよ．

第7章

ディジタル変復調方式

第5章では,ディジタル通信方式の根本原理である標本化定理について説明した後,量子化,符号化について学んだ.本章では,ディジタル通信方式[1]における各種変復調方式とその特徴について概観する.

7.1 2進オンオフ・キーイング

7.1.1 オンオフ・キーイング信号

2進 (binary) 信号を記述するときに,この状態を単極性パルスについては,"1"(マーク),"0"(スペース)で表現することについては,既に第5章で述べたとおりである.本章においては,まず最も簡単な方式として,搬送波として正弦搬送波を用いて,アナログ変調方式における振幅変調,周波数変調,位相変調方式に対応したディジタル変調方式とその復調法について論じる.

最初に,アナログ変調方式における振幅変調方式に対応するディジタル変調方式として,2進オンオフ・キーイング (on-off keying;OOK) について説明する.この方式は,ディジタル変調信号の"1","0"に対応して,搬送波の振幅を変調するので,振幅シフト・キーイング (amplitude-shift keying;ASK) とも呼ばれる.

OOKによって変調された信号波形は,

$$s_{OOK,r}(t) = u_p(t)\cos(2\pi f_c t + \phi) : \text{マーク時} \qquad (7.1\text{ a})$$

$= 0$：スペース時 (7.1 b)

と表わせる．ここで $u_p(t)$ は搬送波周波数に比べて低い周波数成分を有する波形であり，一例として矩形パルス信号が用いられる．また添え字の r は，OOK 信号が送信器から出力され，伝送路を伝送した後，受信器によって受信された信号であることを表しており，以下の各変調方式における説明でも同様である．

OOK 信号の例を図 **7.1** に示す．

アナログ変調に関する各章で既に学んだように，受信器の帯域通過フィルタ出力における雑音は次式で表わされる．

$$n(t) = x(t)\cos 2\pi f_c t - y(t)\sin 2\pi f_c t \quad (7.2)$$

ここで $x(t)$，$y(t)$ は低域ガウス雑音である．ここで信号がマーク信号の場合について考えると，帯域通過フィルタの出力は信号と雑音の和，

$$s_{OOK,r}(t) + n(t) = [u(t) + x(t)]\cos 2\pi f_c t - y(t)\sin 2\pi f_c t \quad (7.3)$$

で与えられる．ここで $u(t)$ は帯域通過フィルタ通過後のパルス波形である．

OOK 信号の一般的な検波方法は非同期検波である．これはアナログ振幅変調方式における包絡線検波と同様な方法である．また，OOK 信号は同期検波を用いることによっても復調することができる．以下，両復調方法について述べていく．

7.1.2 非同期検波

OOK 信号の非同期検波による復調回路構成例を図 **7.2** に示す．

図 7.2 における帯域通過フィルタ出力の包絡線は，式（7.3）から以下のように表わされる．

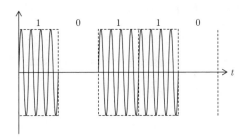

図 **7.1** オンオフ・キーイング（OOK）変調信号

図7.2 OOK信号の非同期検波による復調回路構成

$$r(t) = \sqrt{[u(t)+x(t)]^2 + y^2(t)} \qquad (7.4)$$

これは2.4節で学習した狭帯域信号と雑音の共存の場合に相当する．2.4節の議論から，マーク信号が送られたときには，包絡線の確率密度関数は仲上‐ライス分布となり，

$$p_1(r) = \frac{r}{N} I_0\left[\frac{ur}{N}\right] \exp\left[-\frac{r^2+u^2}{2N}\right] \qquad (7.5)$$

で与えられる．ここで $u(t)$ は時刻 t における信号包絡線の値であり，$N = \overline{x^2} = \overline{y^2}$ は雑音の平均電力である．

一方，スペース信号が送られたときには，2.3節の議論から，

$$p_0(r) = \frac{r}{N} \exp\left[-\frac{r^2}{2N}\right] \qquad (7.6)$$

となり，包絡線の確率密度関数はレイリー分布に従う．

さて，雑音を伴ったOOK信号に対して，マーク，スペースの判定をするには，5.5節で行った議論と同様に，判定スレッショールド（閾値）レベルと包絡線検波後のレベルを比較する必要がある．ここでスレッショールドレベルを r_{th} と仮定すると，マーク信号が送られてきたときの符号誤り率 p_{mark} は，$r(t)$ がスレッショールドレベル r_{th} を超えない確率として計算でき，

$$p_{mark} = p[r < r_{th}] = \int_0^{r_{th}} p_1(r) dr \qquad (7.7)$$

となる．ただし p［事象 A］は事象 A が起きる確率を表す．

同様に，スペース信号が送られてきたときの誤り率は，

$$p_{space} = p[r > r_{th}] = \int_{r_{th}}^{\infty} p_0(r) dr \qquad (7.8)$$

となる．

ここでマーク信号とスペース信号の生起確率が等しいと仮定し，SN比が

高い場合には，詳しい解析によると，最適スレッショールドレベルは，マーク信号の包絡線値の2分の1となることが知られており，このことを用いて5.5節と同様の方法で符号誤り率を計算すると以下のようになる[1]．

$$p_e = \frac{1}{2}\exp\left[-\frac{r_0}{4}\right] \tag{7.9}$$

ただしここで，γ_0 は，

$$\gamma_0 = \frac{u^2}{2N} \tag{7.10}$$

で与えられる，帯域通過フィルタ出力における信号対雑音比である．

上記議論から，ガウス雑音が加わったOOK信号を非同期検波した場合の符号誤り率は，信号対雑音比に対して指数的に減少することがわかった．

7.1.3 同期検波

3.9節で述べたように，同期検波を行うことにより，雑音の同相成分のみが残り直角位相成分は除去される．すなわち，同期検波によって検波利得を得ることが可能となる．

図7.3にOOK信号の同期検波による復調系を示す．図7.3に示すように，雑音を伴った受信信号が帯域通過フィルタを通過した後，受信信号と同期した局部発振信号によって同期検波が行われる．同期検波時に発生する2倍の高調波成分は，低域通過フィルタにより除去される．その結果，同期検波出力は以下のように表わされる．

$$v(t) = u_{sync}(t) + x(t) \tag{7.11}$$

ここで $x(t)$ は平均電力 $\overline{x^2} = N$ をもつ平均値0のガウス分布に従う．したがって信号がマーク時には，$v(t)$ の平均値は $u_{sync}(t)$，分散は N となり，その確率密度関数は次式で表わせる．

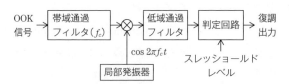

図7.3 OOK信号の同期検波による復調回路構成

$$p_1 = \frac{1}{\sqrt{2\pi N}} \exp\left[-\frac{(v-u_{sync})^2}{2N}\right] \tag{7.12}$$

また，スペース時の復調出力は，

$$v(t) = x(t) \tag{7.13}$$

となり，$v(t)$ は平均値 0，分散 N のガウス雑音となる．その確率密度関数は，式 (7.12) において，$u_{sync}=0$ とおくことによって得られる．式 (7.11)，(7.13) は 5.5 節の式 (5.39)，(5.40) と同一の形となっており，符号誤り率を導く過程も同様である．

したがって最適なスレショールドレベルは $u_{sync}/2$ となり，求める符号誤り率は，

$$P_e = \frac{1}{2}\mathrm{erfc}\left[\frac{\sqrt{r_0}}{2}\right] = \frac{1}{2}\mathrm{erfc}\left[\sqrt{\frac{r_0}{4}}\right] \tag{7.14}$$

となる．

引数が十分に大きい場合の補誤差関数 erfc に対する近似式，

$$\mathrm{erfc}(x) \approx \frac{\exp(-x^2)}{x\sqrt{\pi}} \tag{7.15}$$

を用いると式 (7.14) は，

$$P_e \approx \frac{1}{\sqrt{\pi r_0}} \exp\left[-\frac{r_0}{4}\right] \tag{7.16}$$

となる．式 (7.16) を式 (7.9) と比較すると，同じ信号対雑音比に対しては，非同期検波よりも同期検波をした方が符号誤り率が低いことがわかる．しかしながら，信号対雑音比が高い場合には，指数項が支配的になるため，両者の符号誤り率特性にはほとんど差がないといえる．

7.2 2進周波数シフト・キーイング

7.2.1 周波数シフト・キーイング信号

2進周波数シフト・キーイング (frequency-shift keying；FSK) 変調は，一定振幅の搬送波を矩形波で周波数変調することによって実現するものであり，その信号波形は一般的に次式のように表される．

$$s_{FSK,r}(t) = A_0 \cos 2\pi f_1 t : \text{マーク時} \tag{7.17 a}$$

$$= A_0\cos 2\pi f_2 t : スペース時 \qquad (7.17\,\mathrm{b})$$

ここで f_1, f_2 は，情報信号の伝送速度に比べて十分に高い値をとる．**図 7.4** に FSK 信号の例を示す．図 7.4 からもわかるように，FSK 方式においては，搬送波自体の周波数をディジタル信号のマーク，スペースに応じて変化させる．この場合，搬送波の振幅は一定となる．

7.2.2 非同期検波

FSK の非同期検波方法の一例を**図 7.5** に示す．図 7.5 において，受信器に入力された FSK 信号は 2 分岐され，分岐されたそれぞれの信号は，中心周波数が f_1, f_2 である帯域通過フィルタに入力される．マーク信号が入力された場合には，その信号は雑音とともに，図 7.5 の上側の帯域通過フィルタを通過後，包絡線検波器，低域通過フィルタを通り，判定回路に入力される．この場合，下側の帯域通過フィルタには雑音のみが通過し，最終的に判定回路に入力される．判定回路は，上下の入力端子から入力された信号のうち，どちらが大きいかを判定する回路である．上記の場合において，雑音の影響が十分に小さい場合には，判定回路は上側の信号の方が大きいと判定するため，マーク信号が受信されたという正しい判断を行う．もし雑音などの影響

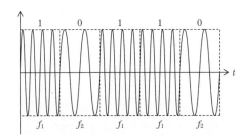

図 7.4 周波数シフトキーイング（FSK）変調信号

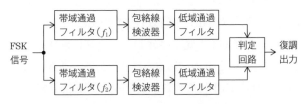

図 7.5 FSK 信号の非同期検波による復調回路構成

により，その逆の判断が行われれば，符号誤りとなる．スペース信号が入力された場合の動作も同様である．

帯域通過フィルタの出力は，狭帯域雑音と信号の和として，前節で扱ったのと同様に記述される．すなわち，マーク信号が入力された場合には，図7.5の上側の低域通過フィルタ出力において，その包絡線 r_1 の確率密度関数は，式 (7.5) を導いたときの議論と同様にして，次のように与えられる．

$$p(r_1) = \frac{r_1}{N} I_0 \left[\frac{ur_1}{N} \right] \exp\left[-\frac{r_1^2 + u^2}{2N} \right] \tag{7.18}$$

この場合，下側の帯域通過フィルタには雑音のみが出力されるので，その包絡線 r_2 の確率密度関数は次のように与えられる．

$$p(r_2) = \frac{r_2}{N} \exp\left[-\frac{r_2^2}{2N} \right] \tag{7.19}$$

図7.5の上下のルートを通過した出力雑音は互いに独立であると考えることができるから，r_1 と r_2 の確率分布は統計的に独立であるとしてよい．

符号誤りは，判定回路において $r_2 > r_1$ となったときに起こることから，符号誤り率は，

$$P_e = p[r_2 > r_1] = \int_{r_1=0}^{\infty} p(r_1) \left[\int_{r_2=r_1}^{\infty} p(r_2) dr_2 \right] dr_1 \tag{7.20}$$

で求められる．式 (7.20) に式 (7.18)，(7.19) を代入して計算を進めると[1]，

$$P_e = \frac{1}{2} \exp\left[-\frac{r_0}{2} \right] \tag{7.21}$$

ただしここで，r_0 は式 (7.10) で定義された信号対雑音比である．

式 (7.21) を式 (7.9) と比較すると，非同期FSK方式では同じ符号誤り率を実現するための信号対雑音比が，非同期OOK方式において必要な信号対雑音比の2分の1であることがわかる．すなわち，非同期FSK方式は，非同期OOK方式に比べて3dBの感度改善効果があるといえる．

しかしその一方で，OOK方式では r_0 はマーク時における伝送電力で定義されており，スペースのときの伝送電力は0である．通常の伝送では，マークとスペースの割合は1：1に調整されるため，OOK方式における総合的な平均電力は，式 (7.10) で定義された電力値の2分の1であることにも注意

を払う必要がある．すなわち，総合的な信号対雑音比の観点からは，OOK方式と FSK 方式は等しい受信感度を持つことがわかる．

7.2.3 同期検波

FSK 信号の同期検波を行うための構成例を図 7.6 に示す．図 7.6 では，マーク時，スペース時のそれぞれに対応した同期検波器が，図の上の経路，下の経路に備えられている．

例えば信号がマーク時には，図 7.6 の上の経路と下の経路，それぞれの同期検波器出力成分 $v_1(t)$，$v_2(t)$ は，

$$v_1(t) = u_{sync}(t) + x_1(t) \tag{7.22 a}$$
$$v_2(t) = x_2(t) \tag{7.22 b}$$

となる．ただしここで $x_1(t)$，$x_2(t)$ は，それぞれ独立な低域ガウス雑音成分である．

前節の議論と同様にして，符号誤り率は次式から求められる．

$$P_e = p[v_1 < v_2] \tag{7.23}$$

この条件から，符号誤り率は次のように求められることが知られている[1]．

$$P_e = \frac{1}{2}\mathrm{erfc}\left[\sqrt{\frac{r_0}{2}}\right] \tag{7.24}$$

式（7.14）で与えられる OOK 同期検波方式の場合と，式（7.24）で与えられる FSK 同期検波方式の場合の符号誤り率特性の関係は，前節で述べた非同期検波方式の場合と同様であり，総合的な信号対雑音比で考えた場合，同等の符号誤り率特性を実現可能なことがわかる．また，式（7.21）で与えられる非同期 FSK 方式と，式（7.24）で与えられる同期 FSK 方式の符号誤

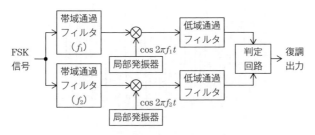

図 7.6　FSK 信号の同期検波による復調回路構成

り率特性の差についても，OOK方式で議論したように，信号対雑音比が大きいところでは，その差は小さい．

7.3 2進位相シフト・キーイング

7.3.1 位相シフト・キーイング信号

2進位相シフト・キーイング（phase-shift keying；PSK）は，第4章で述べたアナログ位相変調方式をディジタル位相変調方式にしたものであり，搬送波の位相をマーク，スペースに応じて変化させる．PSK変調信号は一般的に次式で表される．

$$s_{PSK,r}(t) = A_0\cos 2\pi f_c t \; :マーク時 \quad (7.25\text{ a})$$
$$= A_0\cos(2\pi f_c t + \pi) \; :スペース時 \quad (7.25\text{ b})$$

図7.7にPSK変調信号の例を示す．図7.7からわかるように，PSK信号においては，伝送符号がマークからスペース，あるいはスペースからマークに変化するときに，πの急激な位相変化を伴う．

7.3.2 同期検波

PSK信号の復調には，後に述べる差動符号化を用いない場合には，非同期検波を用いることは困難であり，一般的には同期検波が用いられる．同期検波を用いたPSK信号の復調回路の構成を**図7.8**に示す．

図7.8からわかるように，PSK信号の同期検波回路構成は，図7.3に示したOOK信号の同期検波回路構成とよく似ている．OOK用回路との違いは，判定回路のスレッショールド値が0となっている点である．すなわち，PSK信号の場合には，局部発振器の出力信号に対して，位相が0かπかについ

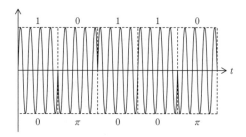

図7.7 位相シフトキーイング（PSK）変調信号

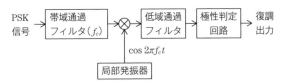

図 7.8 PSK 信号の同期検波による復調回路構成

ての情報が得られればよく,これはすなわち同期検波出力符号が正か負かを判定すればよい.このため,図 7.8 における判定回路としては,極性判定回路が用いられる.

式(7.11)と同様に同期検波器の出力は,

$$v(t) = u_{sync}(t) + x(t) \tag{7.26}$$

で与えられる.符号誤り率は,これまでの議論と同様に,

$$P_e = p[v<0] \tag{7.27}$$

から求めることができ,結果のみを示すと[1],

$$P_e = \frac{1}{2}\mathrm{erfc}[\sqrt{r_0}] \tag{7.28}$$

で与えられる.

式(7.28)の結果を FSK 同期検波の結果である式(7.24)と比較することにより,PSK 方式では FSK 方式より 3 dB 低い信号対雑音比で同じ符号誤り率を実現できることがわかる.

7.3.3 差動位相シフト・キーイング

前節で述べたように,PSK 方式については同期検波による復調が必要である.しかしながら,既に第 3 章で述べたように,同期検波を実現するには,搬送波の位相を受信波の位相に追随させるための回路が必要となるため,その実現は必ずしも容易ではない.そこで,この問題を解決するための方式として,差動位相シフト・キーイング(differential phase-shift keying;DPSK)が提案された.

まず,DPSK 方式において最も特徴的な差動符号化について述べる.差動符号化においては,最初のビットを任意として,

$$b_k = d_k \oplus b_{k-1} \quad (k=1, 2, \cdots) \tag{7.29}$$

に従って符号化を行う.ただしここで,⊕は排他的論理和(XOR),d_kは伝送したいデータ列,b_kは差動符号化後のデータ列をそれぞれ表す.

差動符号化されたデータ列を復号するには,当該ビットとその直前のビットとの排他的論理和をとればよい.すなわち,

$$d_k = b_{k-1} \oplus b_k \tag{7.30}$$

となる.この証明は式(7.29)より明らかであるので省略する.

例えば以下のようなデータ系列を式(7.29)に従って差動符号化し,式(7.30)に従って復号化することを考えると,以下のようになる.

```
伝送したいデータ列 (d_k)    1 1 0 1 0 1 1 0 0 1
差動符号化された           1 0 1 1 0 0 1 0 0 0 1
データ列 (b_k)
(最初のビットは任意)
復号化されたデータ列        1 1 0 1 0 1 1 0 0 1
```

上記の例に示したように,差動符号化されたデータ列は,式(7.30)に従って,隣接するビット同志で排他的論理和を取ることにより正しく復号できる.上記の例では差動符号化されたデータ列の最初のビットを1としたが,これを0としても同様に正しく復号化されるので,適宜確認されたい.

隣接するビット間で演算を行うことにより,データ系列が復調できるという特徴は,同期検波の場合に比べて搬送波の有する位相雑音に対する要求条件を著しく緩和させることが可能であることを意味する.すなわち,同期検波が正しく行われるためには,搬送波と局部発振信号の位相が絶えず合っている必要があるため,両者の位相雑音は極めて小さいことが要求される.一方,差動符号化においては,隣接するビット間で演算を行えば復調が可能であるため,1ビット時間程度の間に位相が安定していればよく,このため差動符号化に用いる搬送波の位相雑音への要求条件が著しく緩和される.

さて,データを差動符号化した後の変調方法としては,例えば差動符号化後の"1"を位相の0,"0"を位相のπに対応させて,情報を伝送することが考えられる.このようにして生成された信号がDPSK信号である.

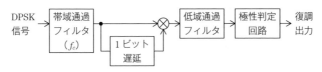

図 7.9 DPSK 信号の復調回路構成

　また，DPSK 信号を復調するためには，**図 7.9** に示すように，入力信号を 2 分岐し，片方は 1 ビット時間だけ遅延させ，遅延させた信号とさせない信号を乗積する．これによって，式 (7.30) の演算が行われることになり，DPSK 信号を復調することができる．すなわち，DPSK 信号の復調回路においては，受信信号の 1 ビット前の信号が，局部発振信号になって同期検波が行われるわけである．

　次に DPSK 方式の符号誤り率特性について述べる．解析の過程は若干複雑であるので，ここでは結果のみを記すと[1]，

$$P_e = \frac{1}{2}\exp[-r_0] \tag{7.31}$$

となる．これを FSK 信号の非同期検波の場合の式 (7.21) と比較すると，DPSK 方式は，FSK 非同期検波方式に比べて 3 dB の感度改善効果があることがわかる．

7.4　各方式の符号誤り率特性

　7.1 〜 7.3 節の議論を元にして，各種ディジタル変復調方式の符号誤り率特性をグラフにしたものが，**図 7.10** である．図 7.10 を参照することにより，上記の各節で述べた各方式の特徴がよく見えてくる．

　既に述べたことではあるが，一般的に非同期検波と同期検波の符号誤り率特性は，信号対雑音比が大きいところではあまり大きな差異はない．したがって回路構成が簡略化できる非同期検波を使用することも多い．しかしながら，近年の誤り訂正符号技術の進展によって，伝送システムが動作する信号対雑音比は年々低い方向へ移動している．信号対雑音比が低い領域では，同期検波と非同期検波の符号誤り率特性は，信号対雑音比が高い領域に比べて差異が大きくなっており，同期検波がより有利であることを考慮する必要性も高

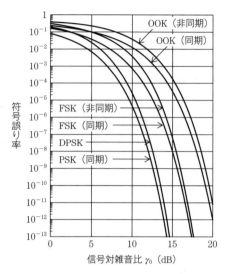

図7.10 各種ディジタル変復調方式の符号誤り率特性

まってきている．また既に7.2節で述べたように，OOK方式におけるシステムとしての総合的な信号対雑音比は，図7.10の横軸の値に比べて3dB低い値であるという点にも注意を払う必要がある．

7.5 多値変調方式

7.1～7.4節においては，2進のディジタル信号を扱ってきた．すなわち，一つ情報パルスは"1"か"0"の二つの状態しか取ることができず，情報量としては，一つの情報パルスによって1ビットの情報量を送るだけであった．しかしながら，一つの情報パルスにいくつか段階の値を持たせることにより，伝送できる情報量を増やすことができる．

より具体的に説明すると，例えば符号化回路が3ビットごとの情報を受け取り，変調器は$2^3=8$個の波形のうちから，対応する一つの波形を発生させることを考える．この場合，3ビットが一つの波形により表現できるため，2値の場合に比べて，同じ伝送速度で3倍の情報量を送ることができるわけである．この様子を**表7.1**に示す．表7.1において，「対応する波形」と表

表7.1 多値変調方式における入力ビット列と対応波形の関係

入力ビット列	対応する波形
0 0 0	0
0 0 1	1
0 1 0	2
0 1 1	3
1 0 0	4
1 0 1	5
1 1 0	6
1 1 1	7

示されている値については，あくまで便宜上のものであり，これは実際に使用される変調方式によって，様々な変調パラメータに変換される．

このような変調方式を多値変調方式と呼んでいる．例えば上記の例においてOOK方式に多値変調方式を適用した場合には，8つのレベルを取るパルス信号を発生させて伝送することになる．

また上記の例における多値変調方式を位相変調方式に適用した場合には，搬送波の振幅は一定で，その位相を8レベルの値に設定することが行われる．

これを一般化し，2^k（kは正の整数）レベルの多値位相変調を施した信号は以下のように表される．

$$s_{MPSK}(t) = A_0 \cos(2\pi f_c t + \theta_i) \tag{7.32}$$

ただし，

$$\theta_i = \frac{2\pi}{2^k}(i-1), \quad i = 1, 2, \cdots, 2^k \tag{7.33}$$

である．

多値変調方式を更に一般化するには，1.1節で説明したフェーザ表示が有用である．すなわち，伝送する情報の振幅と位相を考慮し，情報点をRe-Im平面上の1点に設定する．多値変調方式では，Re軸をI(in-phase)軸，Im軸をQ(quadrature)軸と呼ぶことが多いので，以下はこの表記に従って説明する．

情報点の座標を$(I(t), Q(t))$とすると，多値変調信号は以下のように表

される.

$$s_{IQ}(t) = \text{Re}[\{I(t)+jQ(t)\}\exp(j2\pi f_c t)]$$
$$= I(t)\cos 2\pi f_c t - Q(t)\sin 2\pi f_c t \tag{7.34}$$

比較までに,これまで述べてきた2値伝送では,$I(t)$ のみを伝送することに相当する.

実際の通信方式では,4($=2^2$)レベルの位相変調がしばしば用いられ,これを4相位相変調(quadrature phase-shift keying;QPSK)方式と呼んでいる.QPSK方式は,式(7.34)における(I, Q)の組み合わせとして,$(1/\sqrt{2}, 1/\sqrt{2})$,$(-1/\sqrt{2}, 1/\sqrt{2})$,$(-1/\sqrt{2}, -1/\sqrt{2})$,$(1/\sqrt{2}, -1/\sqrt{2})$ を設定したものに相当する.このような多値変調方式における情報点を IQ 平面上にプロットしたものを信号配置図(constellation diagram)と呼ぶ.図 7.11 (a), (b) に PSK および QPSK における信号配置図を示す.図では各情報点において対応する情報ビットについても括弧内に記している.

このようにして変調された多値変調信号の復調には,同期検波が用いられる.図 7.12 は QPSK 信号の復調方法を示すブロック図である.式(7.34)から容易にわかるように,$I(t)$,$Q(t)$ を復調するには,それぞれ $\cos 2\pi f_c t$,$\sin 2\pi f_c t$ で同期検波を行えばよい.

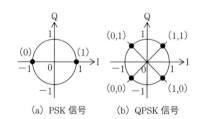

(a) PSK 信号 (b) QPSK 信号

図 7.11 各種位相変調信号の信号配置図

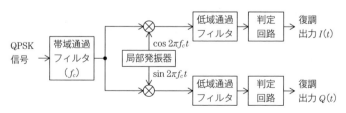

図 7.12 QPSK 信号の復調回路構成

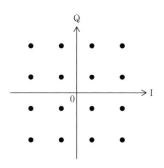

図 7.13 16QAM 信号の信号配置図

　ここで QPSK 方式における符号誤り率特性について述べておく．結論としては，同じ伝送速度の場合には，7.3.2 節で述べた PSK 同期検波方式の符号誤り率特性と同じになる[2]．その理由は以下の通りである．上述したように，QPSK 信号は I, Q 成分に分離できるが，同期検波後は，それぞれ独立な PSK 信号である．したがって I, Q 各成分の符号誤り率特性を求めればよい．QPSK 信号は PSK 信号に対して 2 倍の情報量を伝送できるので，同じ情報量を伝送するという条件下では，QPSK 信号の I, Q それぞれの成分の伝送速度は PSK 信号の 2 分の 1 となる．すなわち PSK 方式における雑音電力を N とすると，QPSK 方式における雑音電力は帯域が 2 分の 1 であるから $N/2$ となる．また PSK 信号の電力を S とすると，QPSK 信号の I, Q 成分それぞれの電力は $S/2$ となる．したがって，I, Q 成分の SNR はそれぞれ S/N となり，PSK 信号の SNR と同一となるので，符号誤り率特性も同一となるわけである．

　また，多値振幅変調と多値位相変調を組み合わせた方式は，QAM (quadrature amplitude modulation) 方式と呼ばれており，更に多くの情報を伝送することが可能であり，16 個の信号点を用いる 16QAM などが実用化されている．**図 7.13** に 16QAM 信号の信号配置図を示す．

7.6　信号検出の理論

7.6.1　整合フィルタ

　本章においては，各種ディジタル変調方式とその検波方法について学んで

きた．その結果として，符号誤り率は帯域通過フィルタ出力の信号対雑音比で決定されることを示した．本節では，この帯域通過フィルタ特性の最適化について考える[3]．

$s(t)$ を帯域通過フィルタ（中心周波数 f_c）の入力における信号（搬送周波数 f_c）の複素包絡線とし，$s(t)$ のフーリエ変換を $S(f)$，帯域通過フィルタの周波数領域における伝達関数を $H(f)$ とする．また雑音 $n(t)$ は，第2章で述べたように，ガウス分布に従う狭帯域雑音であるとし，その電力スペクトル密度を K とおく．このとき，帯域通過フィルタ出力信号 $s_R(t)$ は，第1章の式 (1.48) から，

$$s_R(t) = \int_{-\infty}^{\infty} S(f)H(f)\exp(j2\pi ft)df \tag{7.35}$$

で与えられる．一方，帯域通過フィルタ出力の雑音電力 N は，

$$\begin{aligned}N &= K\int_0^{\infty} |H(f)|^2 df \\ &= \frac{K}{2}\int_{-\infty}^{\infty} |H(f)|^2 df\end{aligned} \tag{7.36}$$

で与えられる．

したがって，式 (7.35) の標本化時点 $(t = T_0)$ におけるピーク電力 $|s_R(T_0)|^2$ と，式 (7.36) の雑音電力の比，すなわち信号対雑音比 γ は，

$$\gamma = \frac{|s_R(T_0)|^2}{N} = \frac{2\left|\int_{-\infty}^{\infty} S(f)H(f)\exp(j2\pi fT_0)df\right|^2}{K\int_{-\infty}^{\infty} |H(f)|^2 df} \tag{7.37}$$

となる．したがって，帯域通過フィルタの特性を最適化するには，式 (7.37) の γ を最大にするように，$H(f)$ を選べばよいことになる．

ここでシュワルツ (Schwarz) の不等式を用いる．すなわち，$A(x)$, $B(x)$ を任意の関数として，

$$\left|\int_{-\infty}^{\infty} A(x)B(x)dx\right|^2 \leq \int_{-\infty}^{\infty} |A(x)|^2 dx \int_{-\infty}^{\infty} |B(x)|^2 dx \tag{7.38}$$

の関係が一般的に成り立つ．上式で等号が成立するのは，

$$B(x) = A^*(x) \tag{7.39}$$

のときである．

式 (7.38) において，

$$A(x) = S(f)\exp(j2\pi f T_0) \tag{7.40}$$
$$B(x) = H(f) \tag{7.41}$$

とおけば，

$$\left| \int_{-\infty}^{\infty} S(f)H(f)\exp(j2\pi f T_0) df \right|^2 \le \int_{-\infty}^{\infty} |S(f)|^2 df \int_{-\infty}^{\infty} |H(f)|^2 df \tag{7.42}$$

となる．よって式 (7.37)，(7.42) より，

$$\gamma \le \frac{2}{K} \int_{-\infty}^{\infty} |S(f)|^2 df \tag{7.43}$$

が得られる．式 (7.43) の右辺の積分はある定数となるから，式 (7.43) において等号が成立するときに，信号対雑音比が最大となることがわかる．等号が成立する条件は，式 (7.39) を参照して，

$$H(f) = S^*(f)\exp(-j2\pi f T_0) \tag{7.44}$$

となる．このときの最大の信号対雑音比 γ_{max} は，

$$\gamma_{max} = \frac{2}{K} \int_{-\infty}^{\infty} |S(f)|^2 df = \frac{2E}{K} \tag{7.45}$$

で与えられる．ここで E は1ビットあたりの信号波のエネルギーである．式 (7.44) は，本節で求めようとしているフィルタの特性を表わすものである．

1.2 節の議論により，帯域通過フィルタのインパルス応答 $h(t)$ とその伝達関数 $H(f)$ はフーリエ変換の関係にあるから，

$$h(t) = \int_{-\infty}^{\infty} H(f)\exp(j2\pi f t) df \tag{7.46}$$

が成り立つ．よって，式 (7.44) で与えられる最適フィルタのインパルス応答を $h_{opt}(t)$ とし，フーリエ変換の性質から，

$$S^*(f) = S(-f) \tag{7.47}$$

であることを用いると，

$$h_{opt}(t) = \int_{-\infty}^{\infty} S^*(f)\exp(-j2\pi fT_0)\exp(j2\pi ft)df$$

$$= \int_{-\infty}^{\infty} S(-f)\exp\{j2\pi f(t-T_0)\}df$$

$$= \int_{-\infty}^{\infty} S(f)\exp\{j2\pi f(T_0-t)\}df \tag{7.48}$$

となる．したがって，

$$h_{opt}(t) = s(T_0 - t) \tag{7.49}$$

となる．すなわち $h_{opt}(t)$ は，入力信号を時間反転し，これを T_0 だけ時間シフトしたものとなる．図 **7.14** に示すように，$s(t)$ を時間反転し，時間 T_0 を $s(T_0-t)$ が時間軸上で正の領域に出現するように選べば，これが最適フィルタのインパルス応答を与えることになる．このようなフィルタを整合フィルタ（matched filter）という．

ここで注意すべき点は，式（7.45）が示すように，γ_{max} は信号の持つ全エネルギーと雑音電力だけで決まり，信号の個々の波形には関係しないということである．すなわち，信号の波形が異なったものであっても，その全エネルギーさえ同じであれば，式（7.49）で与えられる整合フィルタを用いれば，同じ信号対雑音比が得られるわけである．

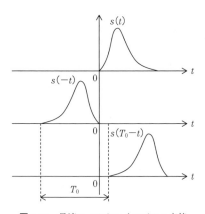

図 **7.14** 最適フィルタのインパルス応答

7.6.2　相関による最適受信

7.6.1 節で述べた整合フィルタに信号 $s(t)$ を通したときの出力は，式 (7.35) に (7.44) を代入することにより求められ，

$$s_R(t) = \int_{-\infty}^{\infty} S(f)S^*(f)\exp(-j2\pi fT_0)\exp(j2\pi ft)df$$

$$= \int_{-\infty}^{\infty} S(f)S^*(f)\exp\{j2\pi f(t-T_0)\}df \tag{7.50}$$

となる．ここで式 (7.47) を用いると式 (7.50) は，

$$s_R(t) = \int_{-\infty}^{\infty} S(f)S(-f)\exp\{j2\pi f(t-T_0)\}df$$

$$= \int_{-\infty}^{\infty} S(-f)\exp\{j2\pi f(t-T_0)\}df \int_{-\infty}^{\infty} s(t')\exp(-j2\pi ft')dt'$$

$$= \int_{-\infty}^{\infty} s(t')dt' \int_{-\infty}^{\infty} S(-f)\exp\{j2\pi f(t-T_0-t')\}df$$

$$= \int_{-\infty}^{\infty} s(t')dt' \int_{-\infty}^{\infty} S(f)\exp\{j2\pi f(t'-t+T_0)\}df$$

$$= \int_{-\infty}^{\infty} s(t')s(t'-t+T_0)dt' \tag{7.51}$$

となる．ここで $s(t)$ の自己相関関数 $\phi_s(\tau)$ は，

$$\phi_s(\tau) = \int_{-\infty}^{\infty} s(t)s(t-\tau)dt \tag{7.52}$$

で定義することができる．ここで，$s(t)$ は 1 個の孤立した波形であるから，第 1 章で述べた定常過程における自己相関関数とは異なり，時間で平均をとるのではなく，単なる積分の形で表わされている点に注意されたい．よって，式 (7.51)，(7.52) より，

$$s_R(t) = \phi_s(t-T_0) \tag{7.53}$$

となる．すなわち整合フィルタは，その入力に信号 $s(t)$ が加えられたときに，出力に $s(t)$ の自己相関関数が生じるようなフィルタであるということができる．この場合には，

$$s_R(T_0) = \phi_s(0) = E \tag{7.54}$$

となる．式 (7.54) においては，$\phi_s(0)$ は電力ではなく，孤立波形のエネルギー

を表すことにも注意されたい．

入力が一般に雑音を伴った信号で，$s'(t) = s(t) + n(t)$ とした場合の出力 $s'_R(t)$ は，$s'(t)$ のフーリエ変換を $S'(f)$ として式（7.50）より，

$$s'_R(t) = \int_{-\infty}^{\infty} S'(f) S^*(f) \exp\{j2\pi f(t-T_0)\} df$$

$$= \int_{-\infty}^{\infty} S'(f) S(-f) \exp\{j2\pi f(t-T_0)\} df$$

$$= \int_{-\infty}^{\infty} S(-f) \exp\{j2\pi f(t-T_0)\} df \int_{-\infty}^{\infty} s'(t') \exp(-j2\pi ft') dt'$$

$$= \int_{-\infty}^{\infty} s'(t') dt' \int_{-\infty}^{\infty} S(-f) \exp\{j2\pi f(t-T_0-t')\} df$$

$$= \int_{-\infty}^{\infty} s'(t') dt' \int_{-\infty}^{\infty} S(f) \exp\{j2\pi f(t'-t+T_0)\} df$$

$$= \int_{-\infty}^{\infty} s'(t') s(t'-t+T_0) dt' \tag{7.55}$$

となる．したがって $t = T_0$ 時点においては，

$$s'_R(T_0) = \int_{-\infty}^{\infty} s'(t') s(t') dt' \tag{7.56}$$

となる．式（7.56）は，整合フィルタの出力ピーク値は，雑音を含んだ入力信号 $s'(t)$ に既知の信号波形 $s(t)$ を掛け合わせ，これを積分したものに等しいということである．この操作は，入力信号 $s'(t)$ と既知の信号 $s(t)$ の相関をとっていることと等価である．すなわち，信号の波形 $s(t)$ がわかっているときには，**図 7.15** に示すように，入力信号と $s(t)$ の相互相関をとることによって，整合フィルタと同様の効果を得ることができることがわかった．

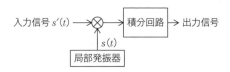

図 7.15 相関による最適受信方法

参考文献

（1）S. スタイン，J. J. ジョーンズ原著，関英男，野坂邦史，柳平英孝訳，"現代の通信回線理論，" 森北出版，東京，1970．
（2）Bernard Sklar, "Digital Communications," Second Ed., Section 4. 8. 4, Prentice Hall, Upper Saddle River, New Jersey, 2001.
（3）瀧保夫，"通信方式，" コロナ社，東京，1963．

演習問題

1. ディジタルデータ変調方式である2進オンオフ・キーイング，2進周波数シフト・キーイング，2進位相シフト・キーイングの各方式について，それぞれ説明せよ．

2. 差動位相シフト・キーイング（DPSK）方式に用いられている差動符号化について考える．伝送したいデータ列を
 1 1 0 1 1 0 0 1 1 0 （全部で10ビット）
 と仮定する．このとき，上記データ列を差動符号化した後のデータ列を記せ．ただし差動符号化されたデータ列の始めのビットを1とせよ．また，差動符号化されたデータ列の復号化についても，復号化によって確かに元のデータ列が復元できることを，上記のデータ列に対して実際に復号化演算を行なうことによって示せ．

後編

光ファイバ通信への応用

第8章

光ファイバ通信概説

 本書の前編では，伝送理論の基礎について学んできた．いうまでもないことであるが，伝送理論を学習する意味は，実際の情報通信システムに伝送理論がどのように応用されているかについて学ぶとともに，これらの知見を元にして，将来の更に高度な情報通信システムに関する研究開発を進展させていくことにある．

 情報通信システムには，古くには短波通信から近年の携帯電話に代表されるような無線通信システムと，同軸ケーブルや光ファイバを伝送媒体に用いる有線通信システムがある．本書の後編ではそのタイトルから明らかなように，光ファイバ通信全般について概観する．特に，前編で展開した理論が，後編で述べる実際の光ファイバ通信にどのように応用されているのかについて理解を深めることが重要であり，本書の最大の目的もそこにあるので，後編を参照するにあたっては，絶えず前編との相互関係に留意されたい．

 さて，光ファイバ通信に視点を移すと，筆者が光通信の研究開発の世界に身を置き始めた1970年代後半から1980年代の前半にかけての時代は，まさにその黎明期であった．その後，いくつかの革新的な技術開発を契機にして，光ファイバ通信は今日の姿に成長してきたのである．

 光ファイバ通信の発展の歴史の中で最も重要な技術開発成果として，以下の3つの点を挙げることができる[1]．

・光ファイバ（光信号の伝送媒体）

・半導体レーザ（光信号の発生）
・光増幅器（光信号の増幅中継）

　まず光ファイバについてであるが，1964年東北大，西沢，佐々木による光ファイバの提唱[2]に始まり，その後，1966年に英国STLのKao, Hockhamによる低損失ファイバの実現可能性に関する研究[3]が行われたのが原点であるといえる．Kaoはこの業績によって，2009年にノーベル物理学賞を受賞している．その後1970年に，Corning社のKapronらによって，損失20 dB/kmの光ファイバが製造された[4]時点を持って，光ファイバ元年と呼ばれることもある．これらの業績を元にして，光ファイバの製造技術は年々進歩し，1979年には0.2 dB/kmという極めて低損失な光ファイバが作製された[5]．

　一方，半導体レーザの分野でも，1962年にGE社のHallら，MITのQuistら，IBMのNathanらが，GaAs半導体レーザの発振に成功している．更に1970年には，ベル研究所の林，PanishがAlGaAs/GaAs結晶を用いた半導体レーザの室温連続発振に成功している[6]．

　ここで注目すべきことは，全く異なる技術である光ファイバ，半導体レーザに関する画期的成果がほぼ同時期に出現していることである．これらの成果のうちのどちらかがなくても，今日の光ファイバ通信は実現していないわけであり，ここに異なる分野の研究者が光ファイバ通信実現という，共通の目的を目指して成果を上げてきた点が認識されるとともに，両者ともに開発に成功したという歴史の偶然をも垣間見ることができる．

　上述したような画期的技術開発に先導され，その後の研究開発者の絶え間ない努力が実を結び，1978年頃からは，0.8 μm帯の波長を用いた初期の光通信システムが商用導入された．

　その後は，光ファイバの波長分散が0となる波長である1.3 μm帯の波長を用いるシステムに関する研究開発が行われ，InGaAsレーザ，受光素子の実用化により，1980年代初頭には，伝送速度が100 Mbit/s程度のシステムが実用化された．更に1987年頃には，1.3 μm帯で1 Gbit/sを超えるシステムが開発されるに至った．

　後章で述べるように，光ファイバの損失は1.55 μm帯で最小となるが，こ

の波長帯では分散が大きいという問題があったため，実用化の大きな障害になっていた．しかしながら，これらの問題も1990年代になり，DFBレーザの量産，分散シフト光ファイバの導入などにより解決され，1.55μm帯の利用が加速化された．

1990年代前半には，伝送速度10 Gbit/sのシステムが実用化されるに至ったが，それ以上の伝送速度増大は困難を極めていた．この問題を解決したのが，1980年代後半のエルビウムドープ光ファイバ増幅器の発明，その後の商用化，および1995年頃からの波長多重（WDM）光通信技術の実用化である．

折しも1995年頃から，インターネット技術が学術界から一般の利用者へ浸透し始め，その後のインターネットのコモディティ化へと歩んでいくことになるが，上記光増幅器の発明とWDM技術の実用化がなければ，現在のような大容量インターネット時代は迎えることができなかったものと考えられる．この出来事は全くの偶然の一致であり，異分野で独立に進展してきた技術が，たまたま同時期に相互連携した結果，社会構造をも変革してきたという好例であるといえる．

1979年に東京大学の大越らによって提唱されたコヒーレント光通信方式[7]については，次世代の大容量光通信方式の主役を担う技術として，1980年代から1990年代の初頭にかけて活発な研究開発が続けられたが，実用化への技術的な難度やエルビウムドープ光ファイバ増幅器の実用化などによって注目が薄れ，コヒーレント光通信方式に関する研究開発の撤退が相次いだ．一方，2000年代に入ってからのインターネットの進展は，モバイル通信をも巻き込み，光通信によるデータ伝送需要の増大要求に応えるには，当時の1波長あたり10 Gbit/sのWDMシステムでは，近い将来に容量限界の壁にぶつかることが明らかになりつつあった．このような状況を背景に活発な研究開発が続けられた結果，東京大学の菊池らによるディジタルコヒーレント光通信方式の提唱[8]によって，コヒーレント光通信方式はおよそ20年間の休止期間を経て，1波長あたり100 Gbit/sのWDMシステムとして実用化へと導かれることになった．ディジタルコヒーレント光通信方式は，現在のモバイル通信全盛期を支える光通信システムの主役を担うに至っている．

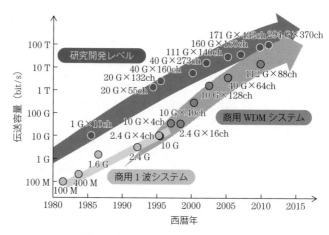

図 8.1 光ファイバ通信の伝送容量の歴史
（研究開発レベルと商用システムレベル）

図 8.1 は光ファイバ通信システムの伝送容量の変遷について，研究開発レベルと，商用システムレベルについての概要を示している．図 8.1 からわかるように，商用システムの伝送容量は，上述した光増幅器と WDM 技術の実用化が相次いで起きた，1995 年頃から飛躍的に伸びて今日に至っている．現在も更なる伝送容量の増大へ向けてのたゆまない研究開発が続いている．

参 考 文 献

（1）大越孝敬，岡本勝就，保立和夫，"光ファイバの基礎，"オーム社，東京 1977．
（2）西澤潤一ほか，"比較的屈折率の大きな材料と比較的屈折率の小さな材料を内部に含む光の伝送変換方式および装置，"特許出願，昭和 39-64040．
（3）K. C. Kao and G. A. Hockham, "Dielectric-fibre surface waveguides for optical frequencies," Proc. IEE, Vol. 113, No. 7, pp. 1151-1158, Jul. 1966.
（4）F. P. Kapron, D. B. Keck, and R. D. Maurer, "Radiation losses in glass optical waveguides," Appl. Phys. Lett., Vol. 17, No. 10, pp. 423-425, Nov. 1970.
（5）T. Miya, Y. Terunuma, T. Hosaka, and T. Miyashia, "An ultimately low-loss single-mode fiber at 1.55 µm," Electron. Lett., Vol. 15, No. 4, pp. 106-108, Feb. 1979.
（6）末松安晴，伊賀健一，"光ファイバ通信入門（改訂 4 版），"オーム社，東京，2006．
（7）大越孝敬，"光ヘテロダインもしくは光ホモダイン型周波数多重光ファイバ通信の可能性と問題点の検討，"電子通信学会 光・量子エレクトロニクス研究会資料，

OQE78-139, 1979 年 2 月.
(8) S. Tsukamoto, D. -S. Ly-Gagnon, K. Katoh, and K. Kikuchi, "Coherent demodulation of 40-Gbit/s polarization-multiplexed QPSK signals with 16-GHz spacing after 200 km transmission," postdeadline paper, OFC2005, PDP29, Anaheim, CA, USA, March 2005.

第 9 章

基礎概念及び光線理論による光ファイバの解析

本章では,いわゆる光線理論による光ファイバの伝搬理論の解析を行う.光ファイバ中の光の伝搬理論の厳密な解析は,第 10 章で述べる電磁界解析によることになるが,本章で述べる光線理論による解析[1]~[3]は,直感的に把握しやすいため,光ファイバの特性について大まかな知見を得るためには有用なものである.

9.1 スネルの法則

光ファイバ中の光線の伝搬について解析するにあたり,まずスネルの法則について簡単に触れておく.**図 9.1** に示すように,屈折率が n_1 の媒質 1 と屈折率が n_2 の媒質 2 の境界面に光が入射した場合には,その入射角 φ_1 と屈

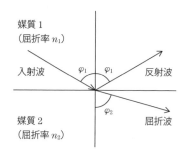

図 9.1 スネルの法則 ($n_1 > n_2$ の場合)

折角 φ_2 の間には以下の関係が成り立ち，これをスネルの法則という．

$$\frac{\sin\varphi_1}{\sin\varphi_2} = \frac{n_2}{n_1} \tag{9.1}$$

ここで図 9.1 のように $n_1 > n_2$ の場合を考えると，式 (9.1) より，

$$\sin\varphi_2 > \sin\varphi_1 \tag{9.2}$$

が成り立つ．これより，

$$\varphi_2 > \varphi_1 \tag{9.3}$$

となる．よって図 9.1 において φ_1 をどんどん大きくしていくと，$\varphi_2 = \pi/2$ となってしまう状況が生じ，この場合には，もはや媒質 2 への屈折光は存在しない．このような状況を全反射（total reflection）という．

式 (9.1) において，全反射が起きる角度として，$\varphi_1 = \varphi_c$, $\varphi_2 = \pi/2$ とおくと，

$$\sin\varphi_c = \frac{n_2}{n_1} \tag{9.4}$$

$$\therefore \varphi_c = \sin^{-1}\left(\frac{n_2}{n_1}\right) \tag{9.5}$$

となる．この φ_c を臨界角という．

光ファイバが低損失で光を伝搬できる理由は，この全反射を利用しているためである．

9.2 ステップインデックスファイバ

図 9.2 に最も基本的な光ファイバであるステップインデックスファイバ (step-index fiber) の構造を示す．ステップインデックスファイバは，コアと呼ばれる中心部分とそれを取り囲むクラッドと呼ばれる部分により構成されている．コアとクラッドの違いは，わずかな屈折率の差であり，コアの屈折率がクラッドの屈折率よりもわずかに高く設計される．通常この差は 1% 程度である．このわずかな屈折率の差が，全反射による光線のコア内の伝搬

図 9.2　ステップインデックスファイバの構造

に寄与している．また，クラッドの直径は国際標準化されており，通常の伝送に使用するファイバでは，125 μm である．またコアの直径は，通常の光伝送用ステップインデックスファイバにおいては，およそ 5 〜 10 μm 程度である．

次に，ステップインデックスファイバに外部から光線が入射した場合の伝搬特性について考察する．**図 9.3** は外部からファイバに光線が入射した場合について説明するための図であり，コアへの入射角およびコア内での屈折角をそれぞれ θ_0，θ_1 とすると，自由空間の屈折率を 1 としてスネルの法則より，

$$\frac{\sin\theta_1}{\sin\theta_0} = \frac{1}{n_1} \tag{9.6}$$

が成り立つ．一方，先に述べた全反射の条件は，

$$\frac{\sin\varphi_1}{\sin\varphi_2} = \frac{n_2}{n_1} \tag{9.7}$$

において $\varphi_2 = \pi/2$ とおいたときで，

$$\sin\varphi_1 > \frac{n_2}{n_1} \tag{9.8}$$

となる．式（9.8）と図 9.3 を参照して，

$$\sin\left(\frac{\pi}{2} - \theta_1\right) > \frac{n_2}{n_1} \tag{9.9}$$

$$\therefore \cos\theta_1 > \frac{n_2}{n_1} \tag{9.10}$$

$$\therefore \sin\theta_1 < \sqrt{1 - \left(\frac{n_2}{n_1}\right)^2} = \frac{\sqrt{n_1^2 - n_2^2}}{n_1} \tag{9.11}$$

となる．式（9.11）に式（9.6）を適用すると，

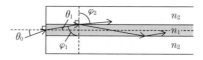

図 9.3 ステップインデックスファイバへの光線の入射と全反射

$$\sin\theta_0 < \sqrt{n_1^2 - n_2^2} \tag{9.12}$$

が得られる．

ここで次式により定義される比屈折率差（relative index difference）Δ を導入する．

$$\Delta = \frac{n_1^2 - n_2^2}{2n_1^2} \approx \frac{n_1 - n_2}{n_1} \tag{9.13}$$

Δ を用いると，式 (9.12) は，

$$\sin\theta_0 < n_1\sqrt{2\Delta} \tag{9.14}$$

となる．ここで，

$$NA = n_1\sqrt{2\Delta} \tag{9.15}$$

を光ファイバの開口数（numerical aperture）という．

次にステップインデックスファイバの大まかな伝送帯域を求めてみる．光ファイバを最も速く進むのは，図 9.3 において $\theta_0 = \theta_1 = 0$ の光線である．また，もっとも遅く進む光線は，式 (9.11) より求められる θ_1 の最大値，

$$\theta_{1,\max} = \sin^{-1}\left(\frac{\sqrt{n_1^2 - n_2^2}}{n_1}\right) \tag{9.16}$$

でコアに入射する光線である．まず式 (9.16) より，

$$\cos\theta_{1,\max} = \frac{n_2}{n_1} \tag{9.17}$$

が成り立つ．

これらの 2 つの光線の間には伝搬時間差があるが，これを多モード分散と呼ぶ．以下，**図 9.4** に示すような二つの光線の間の伝搬時間差を計算する．

光ファイバ長を L，$\theta_1 = 0$ のときの伝搬時間を t_0，$\theta_1 = \theta_{1,\max}$ のときの伝搬

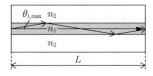

図 9.4 ステップインデックスファイバを伝搬する伝搬遅延が最短と最長の二つの光線

時間を $t_{\max}$ とすると，これらの時間差は式 (9.13)，(9.17) を用いて，

$$\tau = t_{\max} - t_0$$

$$= \left(\frac{1}{\cos\theta_{1,\max}} - 1\right) t_0$$

$$= \left(\frac{n_1}{n_2} - 1\right) \frac{n_1 L}{c}$$

$$\approx \frac{L}{c} \frac{n_1^2}{n_2} \Delta \qquad (9.18)$$

となることがわかる．

　ここで，前編で学習した OOK 方式を用いて，パルスを伝送することを考える．パルスがその隣接するパルスと識別できるためには，大まかにいえば，式 (9.18) で求めた τ が 1 パルス周期よりも小さいことが必要である．その反対に，τ が 1 パルス周期よりも大きな値となった場合には，光ファイバの遠端で隣接パルス同士が重なってしまい，正しくパルスを復調することができなくなる．したがって，システムの伝送速度を B とすると，1 パルス周期は $1/B$ であるから，上記条件は，

$$\frac{1}{B} > \tau \qquad (9.19)$$

となる．式 (9.19) に式 (9.18) を代入して整理すると，

$$BL < \frac{n_2}{n_1^2} \frac{c}{\Delta} \qquad (9.20)$$

が得られる[2]．式 (9.20) がステップインデックスファイバの伝送速度と伝送距離の大まかな限界を示す式となる．

　ここで式 (9.20) の限界について実際のパラメータにより検証してみる．一例として，$n_1 = n_2 = 1.5$，$\Delta = 1\% = 0.01$ とすると，式 (9.20) より，

$$BL < \frac{1}{1.5} \frac{3 \times 10^8}{0.01} = 2 \times 10^{10} \qquad (9.21)$$

が得られる．ここで伝送距離 L を 10 km とすると式 (9.21) より，$B < 2$ Mbit/s となることがわかる．このことより，ステップインデックスファイバを多モード動作させた場合には，伝送速度には大幅な制限がでるため，実

用に供することが難しいことについては，初期の段階から判明していた．そこで，この問題を解決するための一つの方法として，次節に述べるグレーディッドインデックスファイバが考案された．また，もう一つの解決方法は，ファイバを一つのモードで動作させることであり，これが第10章で述べるシングルモードファイバである．

9.3 グレーディッドインデックスファイバ

9.2節で述べたように，ステップインデックスファイバにおいては，コアの屈折率がコア全域で一定であるため，コアの中心付近を進む光線と，コアとクラッドの境界面で全反射を繰り返しながら進む光線間で伝搬時間差を生じ，これがファイバの帯域制限をもたらしていた．この問題点を解決するために考案されたものが，グレーディッドインデックスファイバ(graded-index fiber, GI fiber)である．グレーディッドインデックスファイバとは，コアの半径方向の座標を ρ として屈折率分布が，

$$n(\rho) = n_1[1 - \Delta(\rho/a)^\alpha], \quad \rho < a \tag{9.22}$$
$$= n(1-\Delta) = n_2, \quad \rho \geq a \tag{9.23}$$

で与えられるものである．ただしここで，a：ファイバのコア半径，α：定数である．通常の光伝送システム用のグレーディッドインデックスファイバにおいては，クラッド径は125 μmとステップインデックスファイバと同じであるが，コア径は50〜62.5 μmとステップインデックスファイバと比べてかなり大きい．またグレーディッドインデックスファイバには，このほかに様々な種類があり，用途によってコア径，クラッド径が異なるものが多数存在する．

式(9.22)，(9.23)のような屈折率分布，すなわち，コアの中心部にいくほど屈折率が大きい分布を与えることにより，以下のような特徴が生まれる．

・コアに入射された光は，スネルの法則により，コア中心部から遠ざかるにつれて，**図9.5**に示すように徐々にその進路がコア中心へ向かうように曲げられていく．

・コアの中心部では屈折率が大きいため，光の伝搬速度は小さくなり，コア周辺部にいくにつれて，屈折率が小さくなっていくため，光の伝搬速度は大

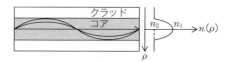

図 9.5 グレーディッドインデックスファイバを伝搬する光線とコアの屈折率分布

きくなる.

上記のような特徴から,図 9.5 に示したような各光線の伝搬速度をできる限り近づけることが可能となる.

式 (9.22) の α と分散(最短と最長時間の光の伝搬遅延をファイバ単位距離あたりにしたもの),及び BL 積の関係について詳細に解析した結果を**図 9.6** に示す[2]. 図 9.6 に示すように,各光線の遅延時間差が最少となるのは,

$$\alpha = 2(1-\Delta) \tag{9.24}$$

のときである[2]. 式 (9.24) は,コア内の屈折率分布が二乗特性であるときが最適であることを示している.

式 (9.24) で示される遅延時間差が最少となるときに,9.2 節の議論と同様に BL を求めると,

$$BL < \frac{8c}{n_1 \Delta^2} \tag{9.25}$$

となることが示される[2]. 式 (9.25) を計算すると,

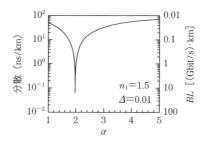

図 9.6 グレーディッドインデックスファイバにおける屈折率分布パラメータ α と分散,BL 積の関係[文献 (2) による.Copyright © 1992, John Wiley & Sons, Inc.]

$$BL < \frac{8 \times 3 \times 10^8}{1.5 \times 0.01^2} = 1.6 \times 10^{13} \tag{9.26}$$

よって，$L=10$ km とした場合 $B=1.6$ Gbit/s，$L=100$ km とした場合 $B=160$ Mbit/s となり，9.2 節で論じたステップインデックスファイバに比べて，BL 積が飛躍的に向上していることがわかる．上記の特徴により，光ファイバ通信の黎明期にはグレーディッドインデックスファイバが盛んに用いられた．現在の光通信方式では，後述するように光源のスペクトル線幅が低減化され，また光ファイバの分散の補償技術が進展したため，ステップインデックスファイバの利用が主流になっているが，用途によってはグレーディッドインデックスファイバも用いられている．

参 考 文 献

（1） 大越孝敬，岡本勝就，保立和夫，"光ファイバの基礎，"オーム社，東京 1977.
（2） G. P. Agrawal, "Fiber-optic communication systems," John Wiley & Sons, New York, 1992.
（3） 山本昂也，"光ファイバ通信技術，"日刊工業新聞社，東京，1995.

演 習 問 題

1. ステップインデックスファイバのコアの屈折率を 1.5，比屈折率差を 1% としたとき，このファイバの開口数を求めよ．
2. **図 9.7** はステップインデックス光ファイバの断面を示したものであり，光線がコアとクラッドの境界面に到達して反射，屈折している様子を示している．次の問いに答えよ．
   (1) 図のように θ_1, θ_2 を仮定したとき，コア，クラッド境界面において成り立つスネルの法則を数式で示せ．ただし図に示すように，コア，クラッドの屈折率をそれぞれ n_1, n_2 とし，$n_1 > n_2$ であるとする．

図 9.7　ステップインデックス光ファイバの断面

(2) (1)の結果を用いて，コア，クラッド境界面において全反射が生じるための条件を求めよ．

(3) ファイバ長をLとしたとき，(2)で求めた全反射を繰り返しながらファイバ中を進む光線のうち，最大の入射角度（θ_1が最大）を有する光線と，入射角度が 0（$\theta_1=0$）でコアの中心部を直進する光線の伝搬時間差を求めよ．ただし，真空中の光速をcとせよ．

(4) (3)の結果を用いて，このファイバのおおよその最大伝送速度を求めよ．

第10章

波動理論の基礎

　第9章で取り扱った光線理論による光ファイバ伝搬理論の解析は，あくまで近似解を提供するものである．正確な解析のためには，本章で述べる電磁界解析を行う必要があるので，本章の内容はしっかり身につけていただきたい．解析の出発点は，電磁気学で学習するマクスウェルの方程式である．マクスウェルの方程式を元に，光ファイバ中の電磁界分布の厳密解を求めていく[1]~[3]．

10.1　波動方程式

10.1.1　マクスウェルの方程式

　詳細は電磁気学の書籍に譲るが，本書における今後の議論の展開に最小限必要な電磁気学の知見について，本節で取り扱う．

　マクスウェルの方程式は，

$$\mathrm{div}\mathbf{D} = \rho \tag{10.1}$$

$$\mathrm{div}\mathbf{B} = 0 \tag{10.2}$$

$$\mathrm{rot}\mathbf{E} = -\frac{\partial \mathbf{B}}{\partial t} \tag{10.3}$$

$$\mathrm{rot}\mathbf{H} = \mathbf{i} + \frac{\partial \mathbf{D}}{\partial t} \tag{10.4}$$

と表される．ただしここで，ρ：電荷密度，$\mathbf{i}$：電流密度，$\mathbf{E}$：電界，$\mathbf{H}$：磁界，

D:電束密度，**B**:磁束密度であり，**E**, **H**, **D**, **B**, **i** は，3次元のベクトルである．

空間の誘電率を ε，透磁率を μ とおくと，

$$\mathbf{D} = \varepsilon \mathbf{E} \tag{10.5}$$

$$\mathbf{B} = \mu \mathbf{H} \tag{10.6}$$

の関係が成り立つ．

10.1.2 波動方程式の導出

本節では電荷や電流の存在しない空間での伝搬を考慮しているので，前節のマクスウェルの方程式において，$\rho = 0$，$\mathbf{i} = \mathbf{0}$ とおける．

式 (10.5)，(10.6) を用いると，式 (10.1)，(10.4) は，

$$\mathrm{div}\mathbf{E} = 0 \tag{10.7}$$

$$\mathrm{rot}\mathbf{H} = \varepsilon \frac{\partial \mathbf{E}}{\partial t} \tag{10.8}$$

となる．

式 (10.3)，(10.6) より，

$$\mathrm{rot}\mathbf{E} = -\frac{\partial \mathbf{B}}{\partial t} = -\mu \frac{\partial \mathbf{H}}{\partial t} \tag{10.9}$$

となる．式 (10.9) において両辺の rot をとると，

$$\mathrm{rot}(\mathrm{rot}\mathbf{E}) = -\mu \mathrm{rot}\left(\frac{\partial \mathbf{H}}{\partial t}\right) \tag{10.10}$$

となる．ここで式 (10.10) の左辺は，数学公式より，

$$\mathrm{rot}(\mathrm{rot}\mathbf{E}) = \mathrm{grad}(\mathrm{div}\mathbf{E}) - \Delta \mathbf{E} \tag{10.11}$$

である．ただし Δ はラプラシアンで，

$$\Delta = \nabla^2 = \nabla \cdot \nabla = \frac{\partial^2}{\partial x^2} + \frac{\partial^2}{\partial y^2} + \frac{\partial^2}{\partial z^2} \tag{10.12}$$

で定義される．式 (10.7)，(10.11) より，

$$\Delta \mathbf{E} = \mu \mathrm{rot}\left(\frac{\partial \mathbf{H}}{\partial t}\right) \tag{10.13}$$

となる．式 (10.13) の左辺は，式 (10.8) を用いて，

$$\Delta \mathbf{E} = \mu \mathrm{rot}\left(\frac{\partial \mathbf{H}}{\partial t}\right) = \mu \frac{\partial}{\partial t}(\mathrm{rot}\mathbf{H}) = \mu \frac{\partial}{\partial t}\varepsilon \frac{\partial \mathbf{E}}{\partial t} = \varepsilon\mu \frac{\partial^2 \mathbf{E}}{\partial t^2} \quad (10.14)$$

となる．すなわち，

$$\Delta \mathbf{E} = \varepsilon\mu \frac{\partial^2 \mathbf{E}}{\partial t^2} \quad (10.15)$$

が導かれた．式 (10.15) が今後の展開のための基本方程式となる．

ここで電界，磁界を表すベクトルが単一の角周波数 ω で正弦波状に変化している場合を考えることにする．すなわち，

$$\mathbf{E}(t) = \mathrm{Re}\{\mathbf{E}_0 \exp(j\omega t)\} \quad (10.16)$$

であるような場合を考える．ここでベクトル $\mathbf{E}_0$ をフェーザという．フェーザ表示については，既に本書 1.1.1 節の式 (1.4) で述べたとおりである．式 (1.4) との違いは，第 1 章においては電界を 1 次元の量であるとしたのに対して，本章では電磁界分布の検討を行うため，電界を 3 次元のベクトルとして取り扱っている点のみであり，フェーザを用いることの意味においてはどちらにおいても同様である．そして，フェーザを用いることの意味であるが，これは時間 $t=0$ における複素振幅 $\mathbf{E}_0$ をもって，$\mathbf{E}(t)$ を代表させるということである．

フェーザを使うと式 (10.15) は，

$$\Delta \mathbf{E}_0 = (j\omega)^2 \varepsilon\mu \mathbf{E}_0 = -\omega^2 \varepsilon\mu \mathbf{E}_0 \quad (10.17)$$

となる．ここで波数 k を導入すると，

$$k = \omega\sqrt{\varepsilon\mu} \quad (10.18)$$

であるから，式 (10.17) は，

$$\Delta \mathbf{E}_0 + k^2 \mathbf{E}_0 = 0 \quad (10.19)$$

となる．これが今後の解析に用いる基本方程式であり，波動方程式と呼ばれるものである．

$\mathbf{E}_0$ は 3 次元のベクトル $\mathbf{E}_0 = [E_{0x}, E_{0y}, E_{0z}]$ であるから，式 (10.19) の各成分に対して，

$$\frac{\partial^2 E_i}{\partial x^2} + \frac{\partial^2 E_i}{\partial y^2} + \frac{\partial^2 E_i}{\partial z^2} + k^2 E_i = 0 \quad (i = 0x, 0y, 0z) \quad (10.20)$$

となることを用いて，今後の議論を展開していく．式 (10.20) の E_i はスカ

ラー量である．

　なお，証明は省略するが，上記の関係は，**E**のみならず**H**，**D**，**B**のすべてについて成り立つことに注意されたい[1]．よって**E**，**H**，**D**，**B**の任意の直交座標成分をVとし，式 (10.20) を一般化すると，

$$\frac{\partial^2 V}{\partial x^2} + \frac{\partial^2 V}{\partial y^2} + \frac{\partial^2 V}{\partial z^2} + k^2 V = 0 \tag{10.21}$$

となり，更に式 (10.21) の解を，

$$V = V_0 \exp(-\gamma_x x)\exp(-\gamma_y y)\exp(-\gamma_z z) \tag{10.22}$$

とおいて式 (10.21) に代入すると，

$$\gamma_x^2 + \gamma_y^2 + \gamma_z^2 + k^2 = 0 \tag{10.23}$$

が得られる．

　式 (10.23) が直交座標系で表した一様空間中の電磁波伝搬のありさまを表す特性方程式である．すなわち，式 (10.23) を満たすγ_x，γ_y，γ_zを有する波動だけが存在し得ることになる．

　これらの量は一般に複素量であり，それぞれの方向への伝搬定数と呼ばれる．また，

$$\gamma_i = j\beta_i + \alpha_i \quad (i = x, y, z) \tag{10.24}$$

と表したとき，β_iを方向iの位相定数（あるいは伝搬定数），α_iを減衰定数と呼ぶ．

　次節からは，いくつかの代表的な場合についての電磁波の振る舞いについて考察する．

10.2　波動方程式の解

　本節では，各種導波環境における波長方程式の解について考察する．

10.2.1　平面波

x, y方向に一様な（つまり変化のない）波動（平面波）を考えると，

$$\frac{\partial}{\partial x} = 0 \tag{10.25 a}$$

$$\frac{\partial}{\partial y} = 0 \tag{10.25 b}$$

であるから，式 (10.21)，(10.22) より，

$$\gamma_x = 0 \tag{10.26 a}$$

$$\gamma_y = 0 \tag{10.26 b}$$

ここで減衰項について，

$$\alpha_i = 0 \tag{10.27}$$

とすると，式 (10.22)，(10.24)，(10.26 a)，(10.26 b)，(10.27) より，

$$V = V_0 \exp(-j\beta_z z) \tag{10.28}$$

となる．更に式 (10.18)，(10.23) より，

$$\beta_z = k = \omega\sqrt{\varepsilon\mu} \tag{10.29}$$

が得られる．したがってこのときの波動は，

$$V(t) = \text{Re}\{V_0 \exp(-j\beta_z z)\exp(j\omega t)\} \tag{10.30}$$

となることがわかる．

したがって，式 (10.30) の波動の位相速度 v_p は，

$$-j\beta_z z + j\omega t = 定数 \tag{10.31}$$

より，

$$v_p = \frac{dz}{dt} = \frac{\omega}{\beta_z} = \frac{1}{\sqrt{\varepsilon\mu}} \tag{10.32}$$

となる．

10.2.2 表面波

図 10.1 に示すように，中心部に導波機構があり，その外側の空間では電磁界が指数的に減衰している場合を考える．このような波動は，表面波と呼ばれている[1]．表面波においては γ_x，γ_y が実数となるので，式 (10.23) より，

$$-\gamma_z^2 > k^2 \tag{10.33}$$

となる．ここで減衰定数が 0 であるとすると，式 (10.24)，(10.29) より

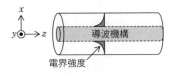

図 10.1 表面波

$$\beta_z^2 > k^2 = \omega^2 \varepsilon \mu \tag{10.34}$$

となる．これより，

$$v_p = \frac{\omega}{\beta_z} < \frac{1}{\sqrt{\varepsilon\mu}} \tag{10.35}$$

となる．式（10.35）を式（10.32）と比較すると，表面波の位相速度は，導波路の周辺の空間の平面波の速度よりも常に遅いことがわかる．

光ファイバを導波する波動は，本節で述べた表面波に属するものであり，詳細は後述する．

10.2.3 平面導波路

図10.2のように，y 方向には無限の平板を考えた場合，すなわち平面導波路の場合には，

$$\frac{\partial}{\partial y} = 0 \tag{10.36}$$

とおける．この場合には，図10.2に示すように，電界あるいは磁界のどちらかが，y 方向に平行な成分のみで表される以下のようなモードに分離できる．

- $E_z = 0$ であるが，$H_z = 0$ ではない
  TE（transverse electric field）モード：$\mathbf{E}(0, E_y, 0)$，$\mathbf{H}(H_x, 0, H_z)$
- $H_z = 0$ であるが，$E_z = 0$ ではない
  TM（transverse magnetic field）モード：$\mathbf{E}(E_x, 0, E_z)$，$\mathbf{H}(0, H_y, 0)$，

このとき，例えば TE モードについては，$V = E_y$ とおくと，式（10.36）

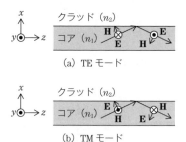

図10.2 平面導波路における TE モードと TM モード

を用いて，式（10.21），（10.22）は，

$$\frac{\partial^2 E_y}{\partial x^2} + \frac{\partial^2 E_y}{\partial z^2} + k^2 E_y = 0 \tag{10.37}$$

$$E_y = E_{y0}\exp(-\gamma_x x)\exp(-\gamma_y y)\exp(-\gamma_z z) \tag{10.38}$$

となる．式（10.37）において，

$$\gamma_z = j\beta_z \tag{10.39}$$

とおくと式（10.37）は，

$$\frac{\partial^2 E_y}{\partial x^2} + (k^2 - \beta_z^2)E_y = 0 \tag{10.40}$$

となる．ここで真空中の誘電率を ε_0，波数を k_0，屈折率を n とすると，

$$k = k_0 n \tag{10.41}$$

であるから，式（10.40）は，

$$\frac{\partial^2 E_y}{\partial x^2} + (k_0^2 n^2 - \beta_z^2)E_y = 0 \tag{10.42}$$

となる．さて，コア，クラッドの屈折率をそれぞれ n_1, n_2 とすると，式（10.42）より，コア内，クラッド内において以下の式が成り立つ．

コア内　　$$\frac{\partial^2 E_y}{\partial x^2} + (k_0^2 n_1^2 - \beta_z^2)E_y = 0 \tag{10.43}$$

クラッド内　　$$\frac{\partial^2 E_y}{\partial x^2} + (k_0^2 n_2^2 - \beta_z^2)E_y = 0 \tag{10.44}$$

式（10.43），（10.44）が，平面導波路における波動方程式であり，電磁界解析を行うには，ここから出発して解析を行う．

10.2.4　光ファイバ

図 10.3 に示すような光ファイバにおける電磁界解析では，コア，クラッドが円筒形の形状であるため，波動方程式（10.21）を円筒座標系に変換して議論を行う必要がある．

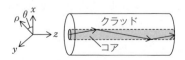

図 10.3　光ファイバにおける円筒座標系

(x, y) 座標系から円筒座標系 (ρ, θ) に変換するために,

$$x = \rho \cos \theta \tag{10.45 a}$$
$$y = \rho \sin \theta \tag{10.45 b}$$

なる変換を行うと,

$$\begin{aligned}\Delta = \nabla^2 = \nabla \cdot \nabla &= \frac{\partial^2}{\partial x^2} + \frac{\partial^2}{\partial y^2} + \frac{\partial^2}{\partial z^2} \\ &= \frac{\partial^2}{\partial \rho^2} + \frac{1}{\rho^2} \frac{\partial^2}{\partial \theta^2} + \frac{1}{\rho} \frac{\partial}{\partial \rho} + \frac{\partial^2}{\partial z^2}\end{aligned} \tag{10.46}$$

であることが示される.

したがって, 円筒座標系における波動方程式を E_z 成分について書くと,

$$\frac{\partial^2 E_z}{\partial \rho^2} + \frac{1}{\rho^2} \frac{\partial^2 E_z}{\partial \theta^2} + \frac{1}{\rho} \frac{\partial E_z}{\partial \rho} + \frac{\partial^2 E_z}{\partial z^2} + k^2 E_z = 0 \tag{10.47}$$

となる.

既に述べたように, 式 (10.29), (10.41) より,

$$k^2 = \omega^2 \varepsilon \mu = n^2 k_0^2 \tag{10.48}$$

であるが, 屈折率 n は, コアとクラッドで異なることに注意されたい.

ここではステップインデックス型のファイバを考え, コア半径を a とする. すなわち,

$$n = n_1 \quad \text{for} \quad \rho \le a \tag{10.49 a}$$
$$n = n_2 \quad \text{for} \quad \rho > a \tag{10.49 b}$$

とする.

式 (10.47) を (10.48) を用いて書き改めると,

$$\frac{\partial^2 E_z}{\partial \rho^2} + \frac{1}{\rho} \frac{\partial E_z}{\partial \rho} + \frac{1}{\rho^2} \frac{\partial^2 E_z}{\partial \theta^2} + \frac{\partial^2 E_z}{\partial z^2} + n^2 k_0^2 E_z = 0 \tag{10.50}$$

となる. ここで式 (10.50) の解を,

$$E_z(\rho, \theta, z) = F(\rho) \Theta(\theta) Z(z) \tag{10.51}$$

とおいて (変数分離法), 式 (10.50) に代入すると,

$$\frac{d^2 F(\rho)}{d\rho^2}\Theta(\theta)Z(z) + \frac{1}{\rho}\frac{dF(\rho)}{d\rho}\Theta(\theta)Z(z)$$
$$+ \frac{1}{\rho^2}F(\rho)\frac{d^2\Theta(\theta)}{d\theta^2}Z(z) + F(\rho)\Theta(\theta)\frac{d^2 Z(z)}{dz^2}$$
$$+ n^2 k_0^2 F(\rho)\Theta(\theta)Z(z) = 0 \tag{10.52}$$

となる．ここで式（10.52）の両辺を $F(\rho)\Theta(\theta)Z(z)$ で割って整理すると，

$$\frac{1}{F(\rho)}\left(\frac{d^2 F(\rho)}{d\rho^2} + \frac{1}{\rho}\frac{dF(\rho)}{d\rho}\right) + \frac{1}{\rho^2}\frac{1}{\Theta(\theta)}\frac{d^2\Theta(\theta)}{d\theta^2}$$
$$+ \frac{1}{Z(z)}\frac{d^2 Z(z)}{dz^2} + n^2 k_0^2 = 0 \tag{10.53}$$

が得られる．式（10.53）が成立するためには，各項が定数でなくてはならない．よって以下の各式が得られる．

$$\frac{1}{Z(z)}\frac{d^2 Z(z)}{dz^2} + \beta^2 = 0 \tag{10.54}$$

$$\frac{1}{\Theta(\theta)}\frac{d^2\Theta(\theta)}{d\theta^2} + m^2 = 0 \tag{10.55}$$

$$\frac{1}{F(\rho)}\left(\frac{d^2 F(\rho)}{d\rho^2} + \frac{1}{\rho}\frac{dF(\rho)}{d\rho}\right) - \frac{m^2}{\rho^2} - \beta^2 + n^2 k_0^2 = 0 \tag{10.56}$$

式（10.54），（10.55），（10.56）を整理すると，

$$\frac{d^2 Z(z)}{dz^2} + \beta^2 Z(z) = 0 \tag{10.57}$$

$$\frac{d^2 \Theta(\theta)}{d\theta^2} + m^2 \Theta(\theta) = 0 \tag{10.58}$$

$$\frac{d^2 F(\rho)}{d\rho^2} + \frac{1}{\rho}\frac{dF(\rho)}{d\rho} + \left(n^2 k_0^2 - \beta^2 - \frac{m^2}{\rho^2}\right)F(\rho) = 0 \tag{10.59}$$

となる．したがって，式（10.50）を解くことと，式（10.57）〜（10.59）を解くことは等価である．

まず式（10.57）の解は，
$$Z(z) = \exp(-j\beta z) \tag{10.60}$$
となる．ただし β は伝搬定数である．

式 (10.58) の解も同様に,

$$\Theta(\theta) = \exp(jm\theta) \tag{10.61}$$

となる．ただし m は整数である．

最後の方程式 (10.59) はベッセルの微分方程式と呼ばれる形式になっている．

ここで,

$$\kappa^2 = n_1^2 k_0^2 - \beta^2 \tag{10.62}$$

$$\gamma^2 = \beta^2 - n_2^2 k_0^2 \tag{10.63}$$

とおくと, 式 (10.59) は,

<u>コア内</u>

$$\frac{d^2 F(\rho)}{d\rho^2} + \frac{1}{\rho}\frac{dF(\rho)}{d\rho} + \left(\kappa^2 - \frac{m^2}{\rho^2}\right)F(\rho) = 0, (\rho \leq a \text{ のとき})$$

：ベッセル微分方程式 (10.64)

<u>クラッド内</u>

$$\frac{d^2 F(\rho)}{d\rho^2} + \frac{1}{\rho}\frac{dF(\rho)}{d\rho} - \left(\gamma^2 + \frac{m^2}{\rho^2}\right)F(\rho) = 0, (\rho > a \text{ のとき})$$

：変形ベッセル微分方程式 (10.65)

となる．

上式が, ベッセル微分方程式, 変形ベッセル微分方程式の一般形になっていることの証明は, 以下のとおりである．

式 (10.64) において,

$$x = \kappa \rho \tag{10.66}$$

なる変数変換を行うと,

$$\frac{d}{d\rho} = \frac{dx}{d\rho}\frac{d}{dx} = \kappa\frac{d}{dx} \tag{10.67}$$

$$\frac{d^2}{d\rho^2} = \frac{d}{d\rho}\left(\kappa\frac{d}{dx}\right) = \kappa^2\frac{d^2}{dx^2} \tag{10.68}$$

となる．よって式 (10.64) は,

$$\frac{d^2 F(x)}{dx^2} + \frac{1}{x}\frac{dF(x)}{dx} + \left(1 - \frac{m^2}{x^2}\right)F(x) = 0 \tag{10.69}$$

と変形でき，ベッセル微分方程式の一般形となることが示された．

同様にして式 (10.65) は，

$$\frac{d^2 F(x)}{dx^2} + \frac{1}{x}\frac{dF(x)}{dx} - \left(1 + \frac{m^2}{x^2}\right)F(x) = 0 \quad (10.70)$$

となり，変形ベッセル微分方程式の一般形となることが示された．

さて，一般に式 (10.64), (10.65) の解は，

$$F(\rho) = AJ_m(\kappa\rho) + A'Y_m(\kappa\rho), \quad \rho \le a \text{ のとき} \quad (10.71\,\text{a})$$
$$= CK_m(\gamma\rho) + C'I_m(\gamma\rho), \quad \rho > a \text{ のとき} \quad (10.71\,\text{b})$$

J_m：第1種ベッセル関数
Y_m：第2種ベッセル関数（ノイマン関数）
I_m：第1種変形ベッセル関数
K_m：第2種変形ベッセル関数

となる．各種ベッセル関数の詳細については数学書に譲るが，以下の議論では各ベッセル関数の特徴を理解していることが必要であるため，各関数の計算結果を**図10.4（a）～（d）**に示しておく．

図10.4の各図を参照しながら，光ファイバにおける電磁界分布の境界条件として，$\rho=0$ で $F(\rho)$ は有限値をとり，$\rho=\infty$ で $F(\rho)$ は0に接近するという条件を用いると，Y_m は0付近で有限ではない，また I_m は $\rho=\infty$ で有限ではないことにより，式 (10.71) において $A'=0$, $C'=0$ となる．したがって，

$$F(\rho) = AJ_m(\kappa\rho), \quad \rho \le a \text{ のとき} \quad (10.72\,\text{a})$$
$$= CK_m(\gamma\rho), \quad \rho > a \text{ のとき} \quad (10.72\,\text{b})$$

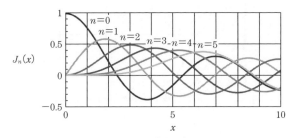

(a) 第1種ベッセル関数

図10.4 各種ベッセル関数

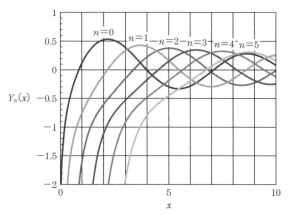

(b) 第2種ベッセル関数（ノイマン関数）

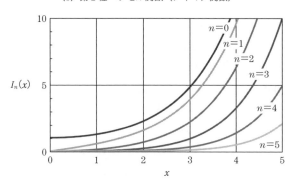

(c) 第1種変形ベッセル関数

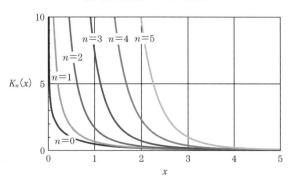

(d) 第2種変形ベッセル関数

図 10.4　各種ベッセル関数

と表すことができる．よって式（10.50）の一般解は，式（10.51），（10.60），(10.61)，(10.72 a)，(10.72 b) から，

$$E_z = AJ_m(\kappa\rho)\exp(jm\theta)\exp(-j\beta z), \quad \rho \leq a \text{ のとき} \quad (10.73\text{ a})$$

$$= CK_m(\gamma\rho)\exp(jm\theta)\exp(-j\beta z), \quad \rho > a \text{ のとき} \quad (10.73\text{ b})$$

となる．H_z もこれまでの議論と全く同様に導くことができて，

$$H_z = BJ_m(\kappa\rho)\exp(jm\theta)\exp(-j\beta z), \quad \rho \leq a \text{ のとき} \quad (10.74\text{ a})$$

$$= DK_m(\gamma\rho)\exp(jm\theta)\exp(-j\beta z), \quad \rho > a \text{ のとき} \quad (10.74\text{ b})$$

となる．

ほかの電磁界成分 E_r，E_θ，H_r，H_θ は，E_z，H_z を用いて，マクスウェルの方程式から求めることができる．その計算は若干煩雑であるが，ここではコア内についての結果のみを記すと，

$$E_\rho = -\frac{j}{\kappa^2}\left(\beta\frac{\partial E_z}{\partial \rho} + \mu_0\frac{\omega}{\rho}\frac{\partial H_z}{\partial \theta}\right) \tag{10.75}$$

$$E_\theta = -\frac{j}{\kappa^2}\left(\frac{\beta}{\rho}\frac{\partial E_z}{\partial \theta} - \mu_0\omega\frac{\partial H_z}{\partial \rho}\right) \tag{10.76}$$

$$H_\rho = -\frac{j}{\kappa^2}\left(-\varepsilon_0 n_1^2\frac{\omega}{\rho}\frac{\partial E_z}{\partial \theta} + \beta\frac{\partial H_z}{\partial \rho}\right) \tag{10.77}$$

$$H_\theta = -\frac{j}{\kappa^2}\left(\varepsilon_0 n_1^2\omega\frac{\partial E_z}{\partial \rho} + \frac{\beta}{\rho}\frac{\partial H_z}{\partial \theta}\right) \tag{10.78}$$

となる．クラッド内における電磁界を求めた結果は省略するが，式（10.75）～（10.78）において，κ^2 が $-\gamma^2$ に，また n_1^2 が n_2^2 になる点が異なることに注意されたい．

さて，コアとクラッド内で電磁界は連続であるから，式（10.72 a），（10.72 b）の $\rho = a$ における境界条件から，

$$F(\rho) = AJ_m(\kappa\rho), \quad \rho \leq a \text{ のとき} \quad (10.79\text{ a})$$

$$= A\frac{J_m(\kappa a)}{K_m(\gamma a)}K_m(\gamma\rho), \quad \rho > a \text{ のとき} \quad (10.79\text{ b})$$

となる．H_z についても同様に境界条件を考慮すると，E_z，H_z は式（10.73），(10.74) を参照して以下のように求まる．

$$E_z = AJ_m(\kappa\rho)\exp(jm\theta)\exp(-j\beta z), \quad \rho \leq a \text{ のとき} \quad (10.80\text{ a})$$

$$= A\frac{J_m(\kappa a)}{K_m(\gamma a)}K_m(\gamma\rho)\exp(jm\theta)\exp(-j\beta z), \quad \rho>a \text{のとき} \quad (10.80\text{ b})$$

$$H_z = BJ_m(\kappa\rho)\exp(jm\theta)\exp(-j\beta z), \quad \rho\leq a \text{ のとき} \quad (10.81\text{ a})$$

$$= B\frac{J_m(\kappa a)}{K_m(\gamma a)}K_m(\gamma\rho)\exp(jm\theta)\exp(-j\beta z), \quad \rho>a\text{のとき} \quad (10.81\text{ b})$$

次に式(10.76)について,式(10.80 a),(10.80 b),(10.81 a),(10.81 b)を用いて境界条件を表すと,

$$E_\theta = -\frac{j}{\kappa^2}\left(\frac{\beta}{a}jmAJ_m(\kappa a)\exp(jm\theta)\exp(-j\beta z)\right.$$

$$\left. -\mu_0\omega\kappa B J_m'(\kappa a)\exp(jm\theta)\exp(-j\beta z)\right)$$

$$= \frac{j}{\gamma^2}\frac{J_m(\kappa a)}{K_m(\gamma a)}\left(\frac{\beta}{a}jmAK_m(\gamma a)\exp(jm\theta)\exp(-j\beta z)\right.$$

$$\left. -\mu_0\omega\gamma BK_m'(\gamma a)\exp(jm\theta)\exp(-j\beta z)\right) \quad (10.82)$$

式(10.82)を整理すると次式が得られる.

$$\left(\frac{1}{\kappa^2}+\frac{1}{\gamma^2}\right)\frac{\beta}{a}jmJ_m(\kappa a)A$$

$$-\mu_0\omega\left(\frac{J_m'(\kappa a)}{\kappa}+\frac{1}{\gamma}\frac{J_m(\kappa a)}{K_m(\gamma a)}K_m'(\gamma a)\right)B = 0 \quad (10.83)$$

次に(10.78)について同様に境界条件を表す式を整理すると,

$$\varepsilon_0\omega\left(\frac{n_1^2 J_m'(\kappa a)}{\kappa}+n_2^2\frac{J_m(\kappa a)}{K_m(\gamma a)}\frac{K_m'(\gamma a)}{\gamma}\right)A$$

$$+\left(\frac{1}{\kappa^2}+\frac{1}{\gamma^2}\right)\frac{\beta}{a}jmJ_m(\kappa a)B = 0 \quad (10.84)$$

が得られる.

ここで連立方程式(10.83),(10.84)が非自明な解 A, B を持つためには,連立方程式の係数の行列式が0となることが必要条件である.これより以下の式が得られる.

$$\left(\frac{J_m{'}(\kappa a)}{\kappa J_m(\kappa a)}+\frac{K_m{'}(\gamma a)}{\gamma K_m(\gamma a)}\right)\left(\frac{J_m{'}(\kappa a)}{\kappa J_m(\kappa a)}+\frac{n_2^2}{n_1^2}\frac{K_m{'}(\gamma a)}{\gamma K_m(\gamma a)}\right)$$
$$=\left(\frac{m\beta}{n_1 a k_0}\right)^2\left(\frac{1}{\kappa^2}+\frac{1}{\gamma^2}\right)^2 \quad (10.85)$$

式 (10.85) は伝搬可能なモードに関する固有値方程式と呼ばれるものであり, 光ファイバ中の電磁界分布を議論するための出発点となるものである.

10.3 光ファイバの各種モード

前節で求められた式 (10.85) を解くことにより, 光ファイバ中を伝搬する各種モードを求めることができる. 光ファイバでは, 10.2.3 節で考察した平面導波路の場合と異なり E_z, $H_z \neq 0$ となる解があり, これをハイブリッドモードと呼ぶ. 式 (10.85) の解は, 一つの m に対して一般に複数個の解をもつ. β の解を β_{mn} ($n=1, 2, \cdots$) としたとき, これに対応したモードを HE_{mn} モード ($H_z > E_z$ のとき), EH_{mn} モード ($H_z < E_z$ のとき) と呼ぶ.

さて,
$$\bar{n}=\beta/k_0 \quad (10.86)$$
を実効屈折率 (effective index) と呼ぶ. 各モードは, 実効屈折率で光ファイバ中を進んでいく. 実効屈折率には,
$$n_1 > \bar{n} > n_2 \quad (10.87)$$
の関係がある.
$$\gamma^2 = \beta^2 - n_2^2 k_0 \leq 0 \quad (10.88)$$
すなわち,
$$\bar{n} \leq n_2 \quad (10.89)$$
では, 波動方程式は解を持たない, つまり伝搬モードは存在しないことがわかる.

ここで上記議論の境界となる,
$$\gamma = 0 \quad (10.90)$$
の状態をカットオフ (cutoff) という.

カットオフのときには, 式 (10.62), (10.88), (10.90) より,
$$\kappa^2 = (n_1^2 - n_2^2)k_0^2 \quad (10.91)$$

すなわち,
$$\kappa = k_0 (n_1^2 - n_2^2)^{1/2} \tag{10.92}$$
となる.

カットオフ条件を表すのに重要なパラメータとして, V 値(規格化周波数;normalized frequency)がある. V 値の定義式は,
$$V = \kappa a$$
$$= \frac{2\pi}{\lambda} a n_1 \sqrt{2\Delta} \tag{10.93}$$
である. ただしここで,
$$\Delta = \frac{n_1^2 - n_2^2}{2n_1^2} \tag{10.94}$$
は, 式 (9.13) で既に導入した比屈折率差である.

Δ は, $n_1 \approx n_2$ のときには, 以下のように近似できる.
$$\Delta = \frac{n_1^2 - n_2^2}{2n_1^2} = \frac{(n_1 - n_2)(n_1 + n_2)}{2n_1^2} \approx \frac{n_1 - n_2}{n_1} \tag{10.95}$$

また, 規格化伝搬定数 (normalized propagation constant) b を以下のように定義する.
$$b = \frac{(\beta/k_0)^2 - n_2^2}{n_1^2 - n_2^2} \approx \frac{\bar{n}_1 - n_2}{n_1 - n_2} \quad n_1 \approx n_2 \text{ のとき} \tag{10.96}$$

さて, 弱導波近似($\Delta \ll 1$, これは一般の光ファイバでは成立する)では,
$$n_1 \approx n_2 \tag{10.97}$$
であるから, 固有値方程式 (10.85) は,
$$\left(\frac{J_m'(\kappa a)}{\kappa a J_m(\kappa a)} + \frac{K_m'(\gamma a)}{\gamma a K_m(\gamma a)} \right)^2 = \left(\frac{m\beta}{n_1 k_0} \right)^2 \left(\frac{1}{(\kappa a)^2} + \frac{1}{(\gamma a)^2} \right)^2 \tag{10.98}$$
となり, したがって,
$$\frac{J_m'(\kappa a)}{\kappa a J_m(\kappa a)} + \frac{K_m'(\gamma a)}{\gamma a K_m(\gamma a)} = \pm \frac{m\beta}{n_1 k_0} \left(\frac{1}{(\kappa a)^2} + \frac{1}{(\gamma a)^2} \right) \tag{10.99}$$
が得られる. 式 (10.97) の条件下では,
$$\frac{\beta}{n_1 k_0} = \frac{\bar{n}}{n_1} \approx 1 \tag{10.100}$$

であるから，式 (10.99) は，

$$\frac{J_m'(\kappa a)}{\kappa a J_m(\kappa a)} + \frac{K_m'(\gamma a)}{\gamma a K_m(\gamma a)} = sm\left(\frac{1}{(\kappa a)^2} + \frac{1}{(\gamma a)^2}\right) \quad (10.101)$$

となる．ただしここで，$s = -1$ または $+1$ である．

　式 (10.101) を各種ケースについて解くことにより，光ファイバの各種モードの振る舞いを論じることが可能である．式 (10.101) を解いて，光ファイバを伝搬可能なモードを求めた結果を**図 10.5** に示す[4]．図 10.5 では上述した V と b の関係を各モードについて示している．

　詳細な解析過程は省略するが，結果のみを示すと各モードと式 (10.101) は以下のように対応している．

・$m = 0$ のとき：TE_{0n} モード，TM_{0n} モード
・$m \neq 0, s = -1$ のとき：HE_{mn} モード
・$m \neq 0, s = +1$ のとき：EH_{mn} モード

更に解析を進めると，以下のことがわかる．

・TE_{0n} モード，TM_{0n} モード，HE_{2n} モードは位相定数が等しい（縮退している）．

・$HE_{m+1, n}$ モードと $EH_{m-1, n}$ モード（$m \geq 2$）は位相定数が等しい（縮退している）．

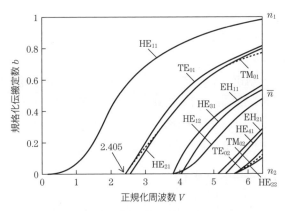

図 10.5　光ファイバの各種伝搬モード
［文献 (4) による．Copyright Elsevier (1981).］

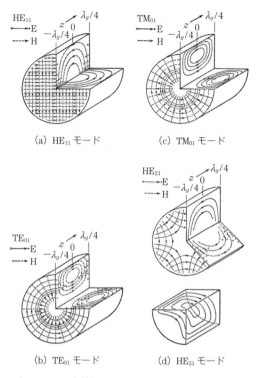

図 10.6 光ファイバの各種伝搬モードの電磁界分布［文献 (1) による．］

これらのことより，位相定数が等しいモードをまとめて，LPモード (linearly polarized mode) という名称で表現することもあり，それぞれ以下のように対応している．

- LP_{0n} モード：HE_{1n} モード
- LP_{1n} モード：TE_{0n} モード，TM_{0n} モード，HE_{2n} モード
- LP_{mn} モード：$HE_{m+1,n}$ モード，$EH_{m-1,n}$ モード ($m \geq 2$)

図 10.6 に代表的なモードの電磁界分布の計算結果を示す[1]．

10.4 シングルモードファイバ

シングルモードファイバは，10.3節で論じたモードのうち HE_{11} モードのみを伝搬するように設計されたファイバであり，現在の光通信で使用されて

いる光ファイバの多くを占めている．

シングルモード伝搬の条件は，図 10.5 を参照すると，TE_{01}，TM_{01} モードがカットオフになるときであることがわかる．

10.3 節で述べたように，TE_{0n} モード，TM_{0n} モードに対しては，$m=0$ であるから式（10.101）は，

$$\frac{J_0'(\kappa a)}{\kappa J_0(\kappa a)} + \frac{K_0'(\gamma a)}{\gamma K_0(\gamma a)} = 0 \tag{10.102}$$

となるから，

$$\kappa J_0(\kappa a) K_0'(\gamma a) + \gamma J_0'(\kappa a) K_0(\gamma a) = 0 \tag{10.103}$$

が得られる．

式（10.90）より，上記モードのカットオフは $\gamma = 0$ のときに起こることに注意しつつ，また式（10.93）を式（10.103）に適用し，更に 10.2.4 節で述べたベッセル関数の性質を用いると，

$$J_0(V) = 0 \tag{10.104}$$

が得られる．式（10.104）の解は，

$$V = 2.405 \tag{10.105}$$

であるので，上記議論より，

$$V < 2.405 \tag{10.106}$$

が，単一モード条件（HE_{11} モードのみが伝搬する条件）となることがわかった．図 10.5 に式（10.106）の条件も合わせて示した．

実際のシングルモード光ファイバにおいては，コアが完全に真円でなく異方性を有することなどにより，**図 10.7** に示したように，伝搬モードである HE_{11} モードとしては，コアを楕円とした場合の長軸，短軸（x, y）のそれぞ

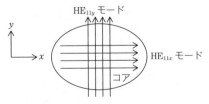

図 10.7 シングルモード光ファイバにおける二つの伝搬モード

れの方向に成分を有する二つのモード（HE_{11x}, HE_{11y}）が伝搬可能となる．HE_{11x}, HE_{11y}モードの伝搬定数をそれぞれβ_x, β_yとした場合，

$$\Delta\beta = \beta_x - \beta_y \tag{10.107}$$

を複屈折（birefringence）という．更に，

$$L_B = \frac{2\pi}{\Delta\beta} \tag{10.108}$$

をビート長（beat length）と呼び，上記異方性の程度を表すパラメータとして使用される．

参 考 文 献

（1）大越孝敬，岡本勝就，保立和夫，"光ファイバの基礎，"オーム社，東京 1977．
（2）G. P. Agrawal, "Fiber-optic communication systems," John Wiley & Sons, New York, 1992.
（3）末松安晴，伊賀健一，"光ファイバ通信入門（改訂4版），"オーム社，東京，2006．
（4）Michael K. Barnoski 編，"Fundamentals of optical fiber communications, Second Edition," Chapter 1 (by Donald B. Keck), p. 18, Elsevier, 1981.

演 習 問 題

1. 電界，磁界を表す3次元（x, y, z）ベクトルをそれぞれ **E**，**H** とし，空間の誘電率，透磁率をそれぞれε, μとしたとき，マクスウェルの方程式 div**E**=0, div**H**=0, rot**E**=$-\mu\frac{\partial \mathbf{H}}{\partial t}$, rot**H**=$\varepsilon\frac{\partial \mathbf{E}}{\partial t}$が成り立つことが知られている．ただし$t$は時間である．これらの関係を必要に応じて用い，$\Delta$**E** と $\frac{\partial^2 \mathbf{E}}{\partial t^2}$ の間に成り立つ関係式を求めよ．ただし Δ は，$\Delta = \frac{\partial^2}{\partial x^2} + \frac{\partial^2}{\partial y^2} + \frac{\partial^2}{\partial z^2}$ で定義されるラプラシアンである．また必要に応じて，公式 rot(rot**E**)= grad(div**E**)$-\Delta$**E** を用いてよい．
2. 10.2.4節の式（10.46）を導け．
3. 光ファイバや光導波路の伝搬モードとして TE モード，TM モードが知られている．この TE モード，TM モードについて説明せよ．
4. ステップインデックス光ファイバの単一モード条件について説明せよ．

第11章

光ファイバの分散特性，損失特性，非線形光学特性

　本章では，光通信システムの伝送特性に影響を及ぼす光ファイバの特性のうち最も重要なものである，分散特性，損失特性，非線形光学特性について述べる．これらの特性の理解は，光通信システムの設計に必須であるので，システム設計に関わる読者は特によく理解されたい．

11.1 分散特性

11.1.1 分散とは

　一般に群速度（group velocity）は角周波数の関数である．つまり，周波数によって光ファイバ中の群速度は異なる．パルス波形を伝送する場合，第1章で学んだように，パルス波形のフーリエ変換を見ると，これは多くの周波数成分を含んでいる．したがって，群速度が周波数の関数である場合には，パルス波形の各周波数成分の伝搬速度は異なることとなり，そのためパルス広がりが生じる．このようにパルス広がりを生じる現象を分散（dispersion）と呼ぶ．

　光ファイバには，大別して三つの分散がある[1],[2]．
・多モード分散：多モード光ファイバにおいてのみ生じるもので，モード間の群速度の違いによって生じる分散
・導波路分散：ある一つの伝搬モードの群速度が，光の波長に対して一定でないために生じる分散

・材料分散：光の波長の変化によって，光ファイバ材料の屈折率（それに伴って群速度）が変化し，それによって生じる分散

上記のうち，導波路分散と材料分散は，群速度の波長依存性によって生じるため，しばしば群速度分散（group-velocity dispersion）と呼ばれる．

多モード分散の基本的な概念については，既に 9.2 節で説明した．そこで本節では，群速度分散の基礎理論について述べた後，導波路分散，材料分散について述べることとする．

11.1.2　群速度分散

本節では群速度分散の基礎理論について述べておく[2]．

長さ L のシングルモード光ファイバを考え，角周波数 ω におけるスペクトル成分が単位距離を伝搬する時間（群遅延時間）を $\tau(\omega)$ とする．また v_g を群速度とすると，これらの関係は伝搬定数 β を用いて，

$$\tau(\omega) = v_g^{-1} = \frac{d\beta}{d\omega} \tag{11.1}$$

と表されることが知られている．群速度の概念は光ファイバの分散の概念を理解するために極めて重要であるため，本節ではまず式（11.1）を証明しておく．

まず単一周波数の波動

$$E(z, t) = E_0 \exp\{j(\omega_0 t - \beta z)\} \tag{11.2}$$

を考える．この波動の位相速度は，

$$v_p = \frac{\omega_0}{\beta} \tag{11.3}$$

である．ここで，$\omega_0 - \Delta\omega$ と $\omega_0 + \Delta\omega$ の角周波数をもつ 2 つの正弦波が重なった波の包絡線が進む速度を求めてみると，$z = 0$ のときの波形は，

$$\begin{aligned} E_1(0, t) &= E_0 \exp[j\{(\omega_0 + \Delta\omega)t\}] + E_0 \exp[j\{(\omega_0 - \Delta\omega)t\}] \\ &= 2E_0 \cos(\Delta\omega t)\exp(j\omega_0 t) \end{aligned} \tag{11.4}$$

であるが，これが z だけ伝搬すると，

$$\begin{aligned} E_1(z, t) = &E_0 \exp[j\{(\omega_0 + \Delta\omega)t - \beta(\omega_0 + \Delta\omega)z\}] \\ &+ E_0 \exp[j\{(\omega_0 - \Delta\omega)t - \beta(\omega_0 - \Delta\omega)z\}] \end{aligned} \tag{11.5}$$

となる．伝搬定数を角周波数に対してテーラー展開すると，以下のようにな

る.

$$\beta(\omega) = \beta(\omega_0) + \frac{d\beta}{d\omega}\bigg|_{\omega=\omega_0} (\omega-\omega_0) + \cdots \tag{11.6}$$

ここで,

$$\Delta\omega = \omega - \omega_0 \tag{11.7}$$

とおくと，式 (11.6) は,

$$\beta(\omega_0 + \Delta\omega) = \beta(\omega_0) + \frac{d\beta}{d\omega}\bigg|_{\omega=\omega_0} \Delta\omega + \cdots \tag{11.8 a}$$

$$\beta(\omega_0 - \Delta\omega) = \beta(\omega_0) - \frac{d\beta}{d\omega}\bigg|_{\omega=\omega_0} \Delta\omega + \cdots \tag{11.8 b}$$

となるので，式 (11.8 a), (11.8 b) を式 (11.5) に代入すると,

$$E_1(z,t) = 2E_0 \cos\left[\Delta\omega\left\{t - \frac{d\beta}{d\omega}\bigg|_{\omega=\omega_0} z\right\}\right] \exp[j\{\omega_0 t - \beta(\omega_0)z\}] \tag{11.9}$$

が得られる．式 (11.9) を見ると，これは $E_1(z,t)$ の包絡線が,

$$\frac{dz}{dt} = \frac{1}{\dfrac{d\beta}{d\omega}\bigg|_{\omega=\omega_0}} = \left(\frac{d\beta}{d\omega}\bigg|_{\omega=\omega_0}\right)^{-1} \equiv v_g \tag{11.10}$$

なる速度で伝搬していくことを示している．この v_g が群速度であり，以上の議論によって式 (11.1) が証明された．

ここで式 (10.86) で定義される実効屈折率を用いると,

$$\beta = \overline{n}\, k_0 = \overline{n}\,\frac{\omega}{c} \tag{11.11}$$

であるから，式 (11.1), (11.11) より,

$$v_g^{-1} = \frac{d\beta}{d\omega} = \frac{d}{d\omega}\left(\overline{n}\,\frac{\omega}{c}\right) = \frac{\overline{n}}{c} + \frac{\omega}{c}\frac{d\overline{n}}{d\omega} = \frac{1}{c}\left(\overline{n} + \omega\frac{d\overline{n}}{d\omega}\right) \tag{11.12}$$

ここで群屈折率 (group index),

$$\overline{n}_g = \overline{n} + \omega\frac{d\overline{n}}{d\omega} \tag{11.13}$$

を定義すると，式 (11.12), (11.13) より,

$$v_g = \frac{c}{n_g} \tag{11.14}$$

となる．

パルスには，様々な周波数成分が含まれており，そのスペクトル広がりを $\Delta\omega$ とすると，ファイバを距離 L 伝送後の時間軸上で見たパルス広がり ΔT は，

$$\Delta T = \frac{dT(\omega)}{d\omega}\Delta\omega L = L\frac{d}{d\omega}\left(\frac{1}{v_g}\right)\Delta\omega = L\frac{d^2\beta}{d\omega^2}\Delta\omega = L\beta_2\Delta\omega \tag{11.15}$$

となる．ここで式 (11.15) における β_2 は，

$$\beta_2 = \frac{d^2\beta}{d\omega^2} \tag{11.16}$$

で定義されるパラメータで，GVD パラメータといわれる．β_2 はパルス広がりの程度を表す重要なパラメータである．

光通信の世界では，光源のスペクトル広がりを，しばしば波長の単位で表す．そこで，$\Delta\omega$ を波長広がり $\Delta\lambda$ で表すことを考える．

$$\omega = \frac{2\pi c}{\lambda} \tag{11.17}$$

であるから，微小変化量に対しては，

$$\Delta\omega = -\frac{2\pi c}{\lambda^2}\Delta\lambda \tag{11.18}$$

となる．よって，式 (11.15), (11.18) より，

$$\Delta T = -L\beta_2\frac{2\pi c}{\lambda^2}\Delta\lambda \tag{11.19}$$

が得られる．ここで，単位波長，単位長さあたりのパルスの広がりを表すパラメータとして，

$$D = \frac{d}{d\lambda}\left(\frac{1}{v_g}\right) = \frac{d}{d\lambda}\left(\frac{d\beta}{d\omega}\right) = \frac{d\omega}{d\lambda}\frac{d}{d\omega}\left(\frac{d\beta}{d\omega}\right) = -\frac{2\pi c}{\lambda^2}\beta_2 \tag{11.20}$$

を波長分散（chromatic dispersion）という．波長分散の単位は ps/(km・nm) で表す．

式 (11.20) で与えられる D は，光ファイバの波長分散を仕様化するときに，

一般的に使われるパラメータであり,しばしば分散と呼ばれる.

D を用いると,式 (11.19) は,

$$\Delta T = D L \Delta \lambda \tag{11.21}$$

となって,式 (11.21) からパルス広がりの概算値がすぐに計算できる利点があるため,実システムの評価では D がしばしば用いられる.

パルス広がりが伝送後の波形に大きな影響を与えないためには,第 9 章の式 (9.19) より,伝送速度を B,1 ビット時間を T_0 として,

$$\frac{|\Delta T|}{T_0} = B|\Delta T| < 1 \tag{11.22}$$

であることが必要であるから,式 (11.22) に式 (11.21) を代入することにより,

$$B|D|L\Delta\lambda < 1 \tag{11.23}$$

が得られる[1].D が与えられたとき,式 (11.23) が伝送速度,伝送距離の大まかな制限を与える重要な式である.

【例】

初期の光ファイバ通信では,波長として 1.3 μm 帯を用い,比較的スペクトル線幅の広いファブリ・ペローレーザで行われていた.D = 1 ps/(km·nm)(1.3 μm はステップインデックスファイバの零分散領域であるため),$\Delta\lambda = 2$ nm として,式 (11.23) より,

$$BL < \frac{1}{1 \times 10^{-12} \times 2} = 5 \times 10^{11} = 500 \text{(Gbit/s·km)} \tag{11.24}$$

となる.すなわち,$L = 10$ km とした場合 $B = 50$ Gbit/s,$L = 100$ km とした場合 $B = 5$ Gbit/s となり,9.3 節で論じたグレーディッドインデックスファイバ(GI ファイバ)に比べて,更に大容量長距離伝送が可能であることがわかる.

11.1.3 材料分散

本節以降では,11.1.2 節で論じた波長分散 D について更に詳しく見ていくことにする.

式 (11.11) より,

$$\frac{d\beta}{d\lambda} = -\frac{2\pi \overline{n}}{\lambda^2} + \frac{2\pi}{\lambda}\frac{d\overline{n}}{d\lambda} \tag{11.25}$$

が得られる．

$$\lambda = \frac{2\pi c}{\omega} \tag{11.26}$$

であるから，

$$\frac{d\lambda}{d\omega} = -\frac{2\pi c}{\omega^2} = -\frac{\lambda^2}{2\pi c} \tag{11.27}$$

であることを用いると，式（11.25）より群遅延時間 τ_m は，

$$\begin{aligned}\tau_m &= \frac{d\beta}{d\omega} = \frac{d\beta}{d\lambda}\frac{d\lambda}{d\omega} = \left(-\frac{2\pi\overline{n}}{\lambda^2} + \frac{2\pi}{\lambda}\frac{d\overline{n}}{d\lambda}\right)\left(-\frac{\lambda^2}{2\pi c}\right) \\ &= \frac{1}{c}\left(\overline{n} - \lambda\frac{d\overline{n}}{d\lambda}\right)\end{aligned} \tag{11.28}$$

τ_m の波長に対する変化を D_m とし，$\overline{n}$ の波長に対する変化に着目すると，

$$D_m = \frac{d\tau_m}{d\lambda} = -\frac{\lambda}{c}\frac{d^2\overline{n}}{d\lambda^2} \tag{11.29}$$

が得られる．D_m を材料分散という[2]．上記の議論からわかるように，材料分散は光ファイバ材質の有する屈折率の波長依存性によって生じる分散である．

　上記においては，光ファイバ中の伝搬モードに起因する実効屈折率を元に議論を行った．材料分散は，石英ガラスの屈折率が波長依存性を有することに由来しているため，石英ガラスそのものの屈折率の物性を見ておく必要がある．石英ガラスの屈折率を n とした場合，群屈折率 n_g は，

$$n_g = n + \omega\frac{dn}{d\omega} \tag{11.30}$$

で定義される．式（11.30）と式（11.13）との違いは，前者が材料自体の屈折率を対象としているのに対して，後者は伝搬モードに由来する実効屈折率を対象にしている点である．両者は本質的に異なる定数であるが，どちらも群屈折率と呼ぶことがあるので注意されたい．**図 11.1** に，石英ガラスの屈折率の波長依存性を示す[2]．

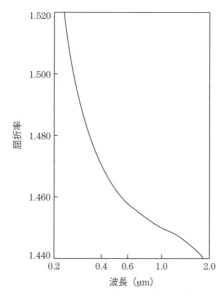

図 11.1 石英ガラスの屈折率の波長依存性 [文献 (2) による.]

11.1.4 導波路分散

次に光ファイバの構造的なパラメータに着目する.

規格化伝搬定数 b は式 (10.96) より,

$$b = \frac{\beta/k_0 - n_2}{n_1 - n_2} \tag{11.31}$$

であるから, 比屈折率差 Δ を用いると,

$$\begin{aligned}\beta &= k_0\{b(n_1 - n_2) + n_2\} \\ &\approx k_0 n_2(1 + b\Delta) \\ &= \frac{n_2}{c}(\omega + b\omega\Delta)\end{aligned} \tag{11.32}$$

となる. 式 (11.32) において, 構造に基づく部分の波長依存性のみを考慮し, n_1, n_2, Δ の波長依存性を無視すると,

$$\tau_w = \frac{d\beta}{d\omega} = \frac{n_2}{c}\left(1 + \Delta\frac{d(\omega b)}{d\omega}\right) \tag{11.33}$$

となる．ここで式（10.93）より，

$$V = \frac{2\pi}{\lambda} a n_1 \sqrt{2\Delta} = \frac{\omega}{c} a n_1 \sqrt{2\Delta} \tag{11.34}$$

であるから，

$$d\omega = \frac{c}{a n_1 \sqrt{2\Delta}} dV \tag{11.35}$$

よって式（11.34），（11.35）を式（11.33）に代入して，

$$\tau_w = \frac{d\beta}{d\omega} = \frac{n_2}{c}\left(1 + \Delta \frac{d(Vb)}{dV}\right) \tag{11.36}$$

が得られる．

$$\frac{d}{d\lambda} = \frac{d}{dV} \frac{dV}{d\lambda} \tag{11.37}$$

$$\frac{dV}{d\lambda} = -\frac{1}{\lambda^2} 2\pi a n_1 \sqrt{2\Delta} = -\frac{V}{\lambda} \tag{11.38}$$

であることを用いると，光ファイバの構造に基づく分散である導波路分散（構造分散）D_w は，式（11.36）より，

$$\begin{aligned}D_w &= \frac{d\tau_w}{d\lambda} \\ &= -\frac{n_2 \Delta}{\lambda c} V \frac{d^2(Vb)}{dV^2}\end{aligned} \tag{11.39}$$

となる．

図 11.2 に，式（11.36），（11.39）に現れる構造パラメータの V 値依存性の計算結果を示す[3]．

11.1.5 分散特性に着目したシングルモード光ファイバの種類

図 11.3 にステップインデックスシングルモードファイバの分散特性を示す[2]．材料分散（D_m）は波長 1.3 μm 付近で 0 となるが，導波路分散（D_w）は全ての波長帯で負の値となるため，これらの和である波長分散（D，全分散ともいう），

$$D = D_m + D_w \tag{11.40}$$

が 0 となる点は，材料分散のゼロ点よりも若干長波長側に移動する．

第 11 章　光ファイバの分散特性，損失特性，非線形光学特性

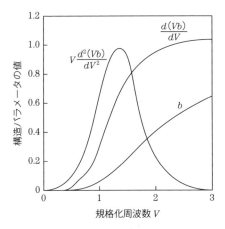

図 11.2　光ファイバの導波路分散に関連するパラメータの V 値依存性［文献 (3) による．© Copyright 1971, The Optical Society.］

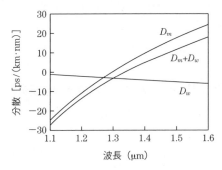

図 11.3　ステップインデックスシングルモード光ファイバの材料分散 (D_m)，導波路分散 (D_w)，全分散 ($D_m + D_w$) の関係［文献 (2) による．］

　波長 1.3 μm 付近では波長分散の値が非常に小さくなるため，当初の光ファイバ通信では，ファブリ・ペローレーザ（スペクトル広がりが大きいがコストが安い）とステップインデックスシングルモード光ファイバの組み合わせが利用された．

　一方，後述するように，石英光ファイバの損失は，波長 1.55 μm 帯で最少

となるため，1.55 µm 付近を利用するのが理想であった．しかしながら，この波長帯では分散が比較的大きいため，ファブリ・ペローレーザとの組み合わせでは，長距離伝送を行うことが困難であった．

ここで，1.55 µm 付近の波長を使った場合の伝送距離限界を求めてみる．この波長帯では，分散は $D = 17$ ps/(km·nm) 程度である．9.2 節で考察したのと同様にして，ファブリ・ペローレーザの利用を仮定し，$\Delta\lambda = 2$ nm とすると，式 (11.23) を用いて，

$$BL < \frac{1}{17 \times 10^{-12} \times 2} = 2.9 \times 10^{10} = 29 \,\text{Gbit/s·km} \tag{11.41}$$

となる．よって $B = 10$ Gbit/s で $L = 2.9$ km となってしまい，波長 1.55 µm 帯では，何らかの方策を施さないと，伝送が困難であることが古くから認識されていた．

その問題を光ファイバ面から解決したのが，分散シフト光ファイバ（DSF；dispersion-shifted fiber）である．分散シフト光ファイバを実現するには，光ファイバの構造パラメータを変化させることにより D_w を変化させ，1.55 µm で波長分散特性を 0 にすればよいが，このような特性は，コアの屈折率分布を工夫することにより実現された．

11.1.6 分散特性に基づいた光ファイバの選択の歴史

光ファイバは，いうまでもなく光通信の最も重要なインフラである．このため，様々な特性を有する光ファイバの中から，実際に敷設すべき光ファイバを選択することは，非常に重要なことである．実際の選択にあたっては，使用波長，変調方式などを考慮した光通信システムの将来の方向性を正しく見極め，かつコスト最適化が行われなくてはならない．

これまでの経緯を歴史的に見ても，光ファイバに対しては，主に分散特性の違いにより様々な価値観が交錯してきた．以下にこの点について概観しておく．

（1） 1980 年代

波長分散が最も低い 1.3 µm 帯において，ファブリ・ペローレーザとステップインデックスシングルモードファイバ（SMF）が利用された．当初は 100 Mbit/s 程度の伝送速度であったが，1980 年代後半には 1 Gbit/s を超えるシ

ステムも登場した．

（2） 1990年代前半

後述するDFBレーザが量産化されるようになった結果，光源のスペクトル広がりが小さく抑えられ，1.55 μm帯においてSMFを利用することが可能となった．一方，ファイバ技術においてもDSFが量産されるようになり，特に日本で多く敷設された．この時代には，大容量光通信の実現に向けて，レーザ，ファイバ両面からの開発が進展した．

（3） 1990年代半ば

波長多重（WDM）光通信技術が急速に進展し，1本の光ファイバに複数の光信号を同時に伝送できる時代となった．WDM伝送においては，ゼロ分散波長付近に信号を多重すると，後述するファイバ四光波混合の影響により，伝送に支障が生じることがわかり，DSFはWDMの適用に問題があることが判明した．このため，SMFの1.55 μm帯での使用が主流となった．また，WDM伝送においては，ファイバの累積分散を補償することが必要となり，累積分散を補償するための分散補償ファイバの開発も進展した．一方，1.55 μm帯で使用波長を長波長側にシフトさせることにより，DSFでも使用波長帯を限定すればWDM伝送が可能であることもわかり，この点での開発も進んだ．

（4） 2000年前後

10 Gbit/sのWDMシステム開発が進むにつれ，WDM伝送用に分散を最適化したファイバの開発が進んだ．代表的なものは，ノンゼロ分散シフトファイバ（NZDSF；non-zero dispersion-shifted fiber），および分散フラットファイバである．ノンゼロ分散シフトファイバは，1.55 μm帯で適度な分散値を持つように設計されており，ファイバ四光波混合が生じにくいとともに，ファイバの累積分散値を低く抑えて分散補償ファイバの補償量を減らしてシステムコストを抑えることを目的としていた．また分散フラットファイバは，更に1.55 μm帯で分散値をほぼ平坦な値とするように設計されており，分散補償量が各信号波長によって変わらないようにすることを目的としていた．2000年前後には，特にNZDSFが量産され，北米を中心に敷設された．

（5） 2010年頃から現在

第17章で述べるディジタルコヒーレント光通信方式が実用化され，1波で 100 Gbit/s の超高速伝送が実現されるに至った．ディジタルコヒーレント光通信方式においては，ファイバの分散は光受信器内の電子回路で完全に補償できるため，分散補償ファイバを利用する必要がなくなり，光ファイバに対しての要求条件は大きく緩和された．そのため，ディジタルコヒーレント光通信方式には，コストの安い通常の SMF が多く利用されている．

上述したように，最適な光ファイバは，その時々のシステム要求によって大きく変わってきたが，ディジタルコヒーレント光通信方式の台頭により，最も単純な構造で，歴史的に古いファイバである SMF が主流となっている点は非常に興味深いことである．

11.2 光ファイバの損失特性

光ファイバにおいては，様々な要因で損失が生じる．一般に光ファイバの損失は，次式で定義される α である．

$$\frac{dP}{dz} = -\alpha P \tag{11.42}$$

ただしここで，α は光ファイバの減衰定数，P は距離 z における光パワーである．

長さ L のファイバの入力端において，P_{in} の光パワーを入力したとすると，出力端における光パワー P_{out} は，上式より，

$$P_{out} = P_{in} \exp(-\alpha L) \tag{11.43}$$

となる．

一般に光ファイバ通信の世界では，光パワーは dBm，光ファイバの損失 A は，dB/km の単位で表すが，このときの A と式 (11.43) の α の関係を求めておく．

式 (11.43) の両辺の底を 10 とする対数をとって，

$$10\log_{10}(P_{out}) = 10\log_{10}\{P_{in}\exp(-\alpha L)\}$$
$$= 10\log_{10}(P_{in}) + 10\log_{10}\{\exp(-\alpha L)\}$$
$$= 10\log_{10}(P_{in}) + 10\frac{\log_e\{\exp(-\alpha L)\}}{\log_e 10}$$
$$= 10\log_{10}(P_{in}) - 4.343\alpha L \tag{11.44}$$

式 (11.44) より,

$$\alpha = -\frac{1}{4.343L} 10\log_{10}\frac{P_{out}}{P_{in}} \tag{11.45}$$

が得られる. したがって式 (11.45) より,

$$4.343\alpha L = -10\log_{10}\left(\frac{P_{out}}{P_{in}}\right) = Loss(\mathrm{dB}) \tag{11.46}$$

が得られる. ただし Loss (dB) は dB で表したファイバの損失値である. したがって, dB/km 単位で表示するファイバの損失 A は,

$$A = 4.343\alpha \tag{11.47}$$

となる. 式 (11.47) で求まる A を用いると, 長さ L (km) のファイバの損失 Loss (dB) は, 式 (11.46) より,

$$Loss = AL \tag{11.48}$$

となり, 簡便な式で表すことができるため, 光ファイバの損失は A を用いて表すことが多い.

一例として, 0.2 dB/km の損失値を有する光ファイバ 100 km の損失値は, 0.2(dB/km)×100(km) = 20 dB となる.

以下, 光ファイバの損失について, その要因別に議論していくこととする.

（1） 吸収と散乱による損失

光ファイバのガラス材料に起因する損失の主要因は, ガラス中に含まれている Fe, Cu などの遷移金属, あるいは OH 基などの不純物による吸収である. しかしながら, 現在商用化されている光ファイバにおいては, これらの問題はほぼ解決されている.

次に重要なのがレイリー散乱である. レイリー散乱は, 光ファイバガラスの中に, 波長よりもミクロな屈折率のゆらぎがあるために起こるものである. レイリー散乱は, 光ファイバ損失の本質的なものであり, 現在の光ファイバ

の損失は,レイリー散乱限界に近いところまで到達している.

レイリー散乱に基づく損失は,以下のように表され,波長の4乗に反比例するものである.

$$\alpha_R = \frac{C}{\lambda^4} \tag{11.49}$$

ただしここで,Cは定数で$0.7 \sim 0.9$ [(dB/km)・μm^4] の値をとる.この値を式 (11.49) に代入すると,波長$1.55\,\mu m$付近において$\alpha_R = 0.12 \sim 0.16$ (dB/km) 程度となるが,上述したように,この値が今日のシングルモードファイバの損失限界であり,既に同等の値が実現されている.

図 **11.4** は開発初期の頃(1979年)の光ファイバの損失測定結果と,損失要因を表すグラフである[4].実測結果からわかるように,損失の最低値は$1.55\,\mu m$付近で生じるが,$1.3\,\mu m$付近にも極小値をとる領域があり,これらの波長帯が実際に使われてきた.一方,$1.38\,\mu m$付近には,OH基による吸収損

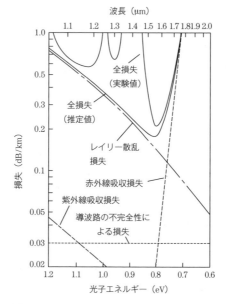

図 **11.4** シングルモードファイバ損失の波長依存性とその要因 [文献 (4) による.
© Copyright 1979, The Institution of Engineering and Technology.]

失のピークがあり，現在のファイバでは，残留水分などが低減化された結果，このピークも軽減され，1.3 〜 1.6 μm の広い帯域にわたって使用することができるようになった．

図 11.4 において，SiO_2 分子の紫外吸収，赤外吸収による損失であるが，紫外吸収は波長が 0.4 μm より短い領域にピークがあり，また，赤外吸収は波長が 7 μm より長い領域にピークがあるが，どちらもその裾野が見えている．波長を 1.6 μm 以上に更に長くしていくと，レイリー散乱はどんどん下がっていくが，上記赤外吸収が主因となって損失が増大していくため，使用可能波長の上限が制限されている．

また，導波路の不完全性と示されている損失は，コアとクラッドの境界のゆらぎ，すなわちコア半径のゆらぎに基づく損失であり，0.03 dB/km 程度以下である．

なお，本論からは多少外れるが，歴史的には SiO_2 以外のほかのホストガラスを検討した時代があった．その代表的なものがフッ化物ファイバであり，ホストは ZrF_4（フッ化ジルコニウム）である．ZrF_4 を用いることにより，理論的には波長 2.55 μm で 0.01 dB/km の極低損失ファイバが実現できる可能性があるため，過去に非常に活発に研究開発が進められた時代があったが，技術的な困難性により，長距離伝送用ファイバとして実現するには至っていない．

（2） 曲げによる損失

ファイバを曲げていくと，コア，クラッド境界面における光は，全反射条件を満たせなくなり，クラッドに漏れてくる．すなわち，曲げによりファイバの損失が増大する．

通常の光ファイバでは，半径 10 mm 以下になると無視できない損失増大が観測される．また半径 5 mm 以下となると，破断の可能性が増大するので注意が必要である．

（3） そのほかの損失要因

レーザと光ファイバの結合，光ファイバと受光器の結合には，通常レンズ系を用いており，それぞれにおいて，およそ 1 dB 程度の損失が生じる．また光ファイバ同志を接続するためには，通常融着接続が用いられる．初期の

融着接続機では調心も手動で行っていたため，熟練者でないと融着接続損失を低く抑えることは困難であったが，その後，融着接続機の性能は格段に向上し，最近の融着接続器では接続損失は極めて小さく，ほとんど無視できるレベルである．

11.3 光ファイバ内の非線形光学効果

　光ファイバは様々な非線形光学効果を呈する．初期の光通信システムでは，光ファイバへの光入力電力がさほど大きくなかったため，非線形光学効果が問題となることはなかった．一方，近年の光通信システムにおいては，大容量化に伴う光ファイバ入力電力の高電力化に伴い，非線形光学効果を無視できない状況になってきている．そこで本節では，光ファイバの非線形光学効果[5]について概観する．

11.3.1 カー効果

　これまでの本書における議論では，光ファイバ材料である石英ガラスの屈折率は，入射する光電力に無依存だと仮定していた．しかしながら，正確には屈折率は光ファイバ内の電力密度に依存する．すなわち，

$$n = n_0 + n_2 |E|^2 \tag{11.50}$$

となることが知られている．ただしここで，n_0 は光ファイバ内電力が 0 のときの屈折率，E は光ファイバ内電界強度，n_2 は非線形屈折率定数である．このように屈折率が，式 (11.50) に示すように電界強度の二乗，すなわち光電力に比例して増加する現象をカー効果という．

　屈折率が光ファイバ内の光電力に依存して増加するということは，それに伴い光の位相が変化することを意味する．これは，光ファイバ中の光電界が自らの光の位相を変化させる現象であるので，自己位相変調（self-phase modulation；SPM）と呼ばれる．

　一方，後述する波長多重（WDM）光通信システムにおいては，光ファイバ内に複数の光信号が入力されるが，このような場合には，同一光ファイバを伝送するほかの光信号の電界強度によっても，光ファイバの屈折率が変わるため，それに基づいた位相変化が生じる．これを先の現象と対比して，相互位相変調（cross-phase modulation；XPM）と呼ぶ．

11.3.2 ファイバ四光波混合

ファイバ四光波混合（fiber four-wave mixing；FWM）とは，3次の非線形分極を介して，3波の光信号から新たな周波数の光信号が生じる現象をいう．

f_i, f_j, f_kの周波数をもつ光信号が同時に光ファイバ内を伝搬したとき，新たな周波数f_{ijk}を有する光信号が発生する．これらの周波数の間の関係は，

$$f_{ijk}=f_i+f_j-f_k \quad (i, j, k=1, 2, 3) \tag{11.51}$$

となることが知られている．周波数f_{ijk}を有する光を四光波混合発生光という．四光波混合は二つの信号からも発生することが知られている．このような場合には，例えば式（11.51）で$i=j$とおくことにより，発生信号の周波数を求めることができる．四光波混合発生効率は，関係する光信号間の位相整合に依存する．すなわち光ファイバの分散が小さいほど位相整合が生じやすくなるため，四光波混合発生光の発生効率は高くなる．後述するWDM光通信システムにおいては，複数の光信号が同時に光ファイバを伝搬するため，四光波混合発生光の影響を受けやすくなる．そのため，このようなシステムでは，使用波長で分散がある程度大きい光ファイバを使用することが必須であり，実際のシステムの設計においては，四光波混合発生光を低減化することに留意しながら設計が行われる．

参考文献

（1） G. P. Agrawal, "Fiber-optic communication systems," John Wiley & Sons, New York, 1992.
（2） 山本晃也，"光ファイバ通信技術，"日刊工業新聞社，東京，1995.
（3） D. Gloge, "Dispersion in weakly guiding fibers," Applied Optics, Vol.10, No.11, pp.2442-2445, Nov. 1971.
（4） T. Miya, Y. Terunuma, T. Hosaka, and T. Miyashita, "Ultimate low-loss single-mode fibre at 1.55 μm," Electron. Lett., Vol.15, No.4, pp.106-108, Feb. 1979.
（5） G. P. Agrawal, "Nonlinear fiber optics, fifth edition," Academic Press, 2012.

演習問題

1. 材料分散と導波路分散の和を全分散，あるいは単に分散という．ステップインデックスシングルモード光ファイバの分散特性の特徴と，その特

徴に基づいたシステムの使用波長の選択の考え方について説明せよ．

2. DFBレーザはファブリ・ペローレーザよりもスペクトル線幅が狭く，直接変調した場合でもその傾向は同様である．直接変調されたDFBレーザを用いた伝送速度10 Gbit/sの光通信システムにおいて，分散による波形歪みに基づくおおよその最大伝送距離を求めよ．ただし使用波長は1.55 μm，その波長における分散は17 ps/(km·nm)，DFBレーザを直接変調したときのスペクトル広がりは0.2 nmとする．

第12章

光送信器

前編で学んだように,通信は搬送波を変調することによって行う.これは光ファイバ通信でも同様である.この場合の搬送波は,半導体レーザなどで構成される光送信器から出力された光信号であり,光ファイバ通信でも前編で学んだ各種アナログ,ディジタル変調方式が使える.実際には,ディジタル通信方式の発展により,実用化されている光ファイバ通信の多くの方式では,ディジタル変調方式が使われている.本章では,光変調について学習した後,光送信器に使われている代表的なデバイスについて概観する.なお本書はシステムに関する議論を主としているため,光デバイスに関する詳細については専門書を参照されたい[1]~[3].

12.1 光変調

光ファイバ通信に使われている変調方式で最も一般的なものは,強度変調(intensity modulation;IM)方式である.

半導体レーザなどから出力された光信号の電界振幅を,

$$E(t) = A(t)\cos[2\pi f_c(t)t + \phi(t)] \tag{12.1}$$

としたとき,$|A(t)|^2$ を変調するのが,強度変調方式である.一方,第7章で学んだ ASK 方式は,振幅 $A(t)$ を変調する方式であり,厳密には強度変調方式とは異なるので注意されたい.また,$f_c(t)t$,$\phi(t)$ を変調するものの一例が,第7章で述べた FSK,PSK 方式である.

このうち最も一般的である強度変調の方法としては，
・直接変調：半導体レーザの注入電流を直接変調する方式
・外部変調：半導体レーザから出た光を，外部に設置された光変調器によって変調する方式
がある．

以下，直接変調，外部変調の具体的方法について述べることとする．

12.2　半導体レーザの直接変調

図 12.1 に一般的な半導体レーザの注入電流対光出力電力特性を示す．図12.1に示すように，注入電流値が閾値電流を超えると急速に光電力が増大していく．この特性の適当な位置に，バイアス点を設けて変調電流を加える方法が直接変調である．パルス波形でレーザ出力光を直接オン，オフできるので，直接変調は，簡便に強度変調光を生成できる方法である．

さて，古くから知られているように，半導体レーザの発振は，以下に示すレート方程式で記述される[1]．

$$\frac{dS_i}{dt} = GS_i(N - N_g) + C\frac{N}{\tau_s} - \frac{S_i}{\tau_p} \tag{12.2}$$

$$\frac{dN}{dt} = \frac{I(t)}{qV_a} - \frac{N}{\tau_s} - GS_i(N - N_g) \tag{12.3}$$

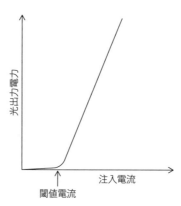

図 12.1　半導体レーザの注入電流対光出力電力特性

ただしここで，S_i：レーザ共振器中の光子密度，N：キャリア密度，N_g：透明キャリア密度，G：利得に関係するパラメータ，C：自然放出光のうちレーザモードへ入る割合，V_a：活性層の体積，τ_p：光子寿命，τ_s：キャリア寿命．$I(t)$：注入電流値，q：電子電荷を表す．

さて，注入電流を，

$$I(t) = I_b + I_m \sin 2\pi f_m t \tag{12.4}$$

とおき，変調信号振幅はバイアス電流に対して十分に小さいという条件下で式（12.3）を解く．光子密度に関して，

$$S_i(t) = S_0 + S_m \sin 2\pi f_m t \tag{12.5}$$

とすると，変調電流に対する光子密度変調の割合である G_m は，

$$G_m(f) = \left| \frac{S_m}{I_m} \right| = \frac{\tau_p}{qV_a} \frac{f_r^2}{\sqrt{(f^2 - f_r^2)^2 + (\Gamma/2\pi)^2 f^2}} \tag{12.6}$$

となる[(1)]．ただし式（12.6）における f_r は共振周波数で，

$$f_r = \frac{1}{2\pi \sqrt{\tau_s \tau_p (1 - N_g/N_{th})}} \sqrt{\frac{I_b}{I_{th}} - 1} \tag{12.7}$$

で与えられる．ここで N_{th}，I_{th} はそれぞれ，閾値キャリア密度，閾値電流である．更に Γ はダンピング係数といわれ，

$$\Gamma = G' S_0 + 1/\tau_s \tag{12.8}$$

で表される．式（12.8）の G' は微分利得で，

$$G' = \frac{dG}{dN} \tag{12.9}$$

で与えられる．

式（12.6）の傾向を DFB レーザについて測定した一例を **図 12.2** に示す[(4)]．式（12.6）からわかるように，G_m は周波数 f_r で共振状のピークを持つことが予測されるが，実際のレーザにおいてもこのような傾向が見られる．また f_r は式（12.7）からもわかるように，光子寿命とキャリア寿命によって決まるものである．共振現象が起こる周波数周辺では急速な位相変化が起こり，また共振周波数以上の周波数では，変調効率が下がっていくため，レーザの直接変調を行う場合には，f_r よりも十分に低い周波数を用いることが重要である．

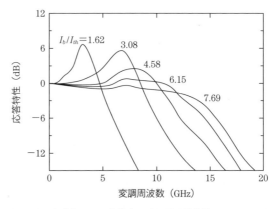

図 12.2 半導体レーザ直接変調時の周波数特性のバイアス電流依存性（波長 1.3 μm）［文献（4）による．© 1987 IEEE.］

式 (12.7) においてもう一つ重要な点は，f_r は $\sqrt{I_b/I_{th}-1}$ に比例して高くなるということである．この傾向は，図 12.2 の測定例でも確認できる．このことは，バイアス電流を高くしていくことにより，より高い周波数での変調が可能となることを意味している．

これに関連して，緩和振動という現象がある[2]．緩和振動とは，レーザにステップ状の電流を加えた場合，出力光強度に振動が起こる現象である．この現象は，式 (12.2)，(12.3) を用いて次のように説明できる．まず，ステップ状の電流を注入すると，キャリア密度 N もそれに応じて増大するが，キャリア寿命の影響で時間遅れを生じる．N が大きくなると，式 (12.2) により S も増加するが，S が増加すると式 (12.3) により N が減少する．N が減少すると式 (12.2) により S が減少し，更に式 (12.3) により N が増大する．すなわち，上述したようなメカニズムにより，S が増加，減少を繰り返すことにより，出力光電力強度に振動が生じる．

通常の半導体レーザでは，10 Gbit/s 程度が直接変調の上限であり，それ以上の速度の変調が必要な場合には，次節で述べる外部変調が使用される．またレーザを直接変調すると，一般にスペクトル線幅が広がるので，波長分散の影響を受けやすくなる．図 12.3 に光通信システムにおいて使用される代表的なレーザである，ファブリ・ペローレーザ，および DFB (distributed

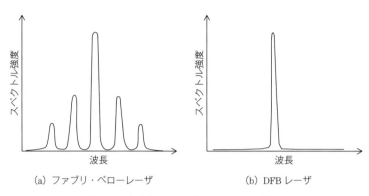

図 12.3　半導体レーザの発振スペクトル形状例

feedback）レーザの発振スペクトルの形状例を示す．特にファブリ・ペローレーザは，元々多モードで発振しスペクトル広がりが大きい上に，変調時に更にスペクトルが広がるため，伝送距離の制限も厳しくなる．一方，単一縦モード発振が可能な DFB レーザは，直接変調時のスペクトル広がりを小さく抑えることが可能であるため，ファブリ・ペローレーザに比べて長い距離の伝送が可能である．上述したスペクトル広がりの問題により，直接変調は長距離伝送には適さず，40 km 程度までの比較的短距離の伝送に用いられることが多い．

12.3　外部変調

12.2 節で述べたように，半導体レーザの直接変調では，
- スペクトル線幅が広がるため，波長分散の影響を受けやすい
- 変調帯域に限界がある

という問題点があった．

そこで，半導体レーザには一定光出力電力での動作をさせ，外部に接続された変調器（外部変調器）を用いて変調する方式が広く用いられている．このような方法を外部変調という．強度変調を行うための外部変調器としては，大別して以下の二つが広く用いられている．

（1）マッハ・ツェンダー（Mach-Zehnder）型変調器

$LiNbO_3$ のような強誘電体結晶は，電界をかけると屈折率の変化が生じる．

そこで LiNbO$_3$ を用いて導波路を作製すれば，位相変調器として動作する．**図 12.4 (a)** に示すように，二つの位相変調器を Y 分岐・Y 合波導波路を用いて組み合わせたものが，マッハ・ツェンダー型変調器である．ここでマッハ・ツェンダー型変調器の一つの電極にのみ電圧を与えることを考える．電極に電圧を加えない状態では両導波路の位相は等しいので，Y 合波された光は強め合う．一方，片側の電極に電圧をちょうど π だけ位相シフトするように加えると，両導波路の位相差は π となるので，Y 合波された出力には π だけ位相が異なる光が合成されて出力されるため，出力は理想的には 0 となる．したがって，電極に変調信号を印加することにより，変調器出力には強度変調された出力が得られることになる．マッハ・ツェンダー型変調器は非常に高速な変調が可能であり，40 Gbit/s 以上で変調可能なものが実用化されている．

(2) 電界吸収型変調器（electroabsorption modulator）

図 12.4 (b) は電界吸収型変調器の構造を示す．電界吸収型変調器は，半導体レーザに用いられているのと同様な半導体を導波路として用い，電極に電圧を印加可能な構造となっている．一般に半導体においては，ある波長以下の光を吸収し，それ以上の波長の光を透過するという性質があり，吸収，透過の境界波長を吸収端波長という．この吸収端波長は，電圧を印加すると長波長側にシフトするという特性を持っており，これがよく知られているフランツ・ケルディッシュ効果である．したがって，図 12.4 (b) に示すような導波路構造の半導体に，適切なバイアスを与えて変調信号を印加することによって，フランツ・ケルディッシュ効果を用いて強度変調を実現すること

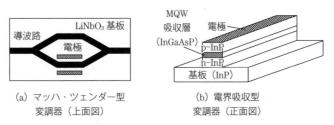

(a) マッハ・ツェンダー型変調器（上面図）　　(b) 電界吸収型変調器（正面図）

図 12.4 外部変調器

ができる.電界吸収型変調器は半導体で構成されているため,半導体レーザと集積化することができるという利点があり,既にレーザと集積化されたモジュールが実用化されている.一方,半導体の応答速度の点から,実用化システムにおける動作上限速度は,10 Gbit/s 程度に制限されているのが現状である.

参考文献

(1) 末松安晴,伊賀健一,"光ファイバ通信入門(改訂4版),"オーム社,東京,2006.
(2) 山本晃也,"光ファイバ通信技術,"日刊工業新聞社,東京,1995.
(3) A. Yariv, P. Yeh 著,多田邦雄,神谷武志訳,"原書6版 光エレクトロニクス基礎編,"丸善,東京,2010.
(4) H. Ishikawa, H. Soda, K. Wakao, K. Kihara, K. Kamite, Y. Kotaki, M. Matsuda, H. Sudo, S. Yamakoshi, S. Ioszumi, and H. Imai, "Distributed feedback laser emitting at 1.3 μm for gigabit communication systems," IEEE Journal of Lightwave Technology, Vol. LT-5, No.6, pp.848-855, Jun. 1987.

演習問題

1. 半導体レーザの直接変調,外部変調の利害得失について述べよ.

第 13 章

光受信器

　本章では，光通信システムに用いられている光受信器について述べる．光受信器で特に重要な点は，雑音特性の解析である．本章で述べるように，光通信ではショット雑音限界の受信感度が理論上達成できる最高の受信感度であり，光受信器の動作状態をショット雑音限界にできるだけ近づけるために，デバイスの改良や方式面での検討など，様々な努力が続けられてきた．本章を学習するにあたっては，この点を絶えず頭の片隅において読み進めていただきたい．

13.1 基礎的概念

　一般に半導体に光子を入射すると，光子のエネルギーが半導体のバンドギャップエネルギーを超えたときに，電子・正孔対が発生する．光通信に用いられる受光素子における光電変換はこのような原理によって行われる．

　受光素子への入射光パワーを P_{in}，それによって発生する光電流を I_p とすると，両者には以下の関係がある．

$$I_p = R P_{in} \tag{13.1}$$

ここで R を感度（responsivity）といい，その単位は A/W である．また，R と量子効率 η（quantum efficiency）との関係は以下のようになる．

$$\eta = \frac{\text{発生する電子数}}{\text{入力される光子数}} = \frac{I_p/q}{P_{in}/h\nu} = \frac{h\nu}{q} R \tag{13.2}$$

ただしここで，q：電子電荷，h：プランク定数，ν：光の周波数である．

式 (13.2) より，

$$R = \frac{\eta q}{h\nu} \tag{13.3}$$

が得られる．

図 13.1 は，受光素子感度（相対値）の波長依存性を，使用する材料に対して示している[1]．光通信で使用する波長帯は，既に述べたように 0.8，1.3，1.55 μm の各波長帯であり，それぞれの波長帯に応じて適切な材料の受光素子を選択する必要がある．

13.2 フォトダイオード

13.2.1 pn フォトダイオード

図 13.2 には受光素子として最も基本的な pn フォトダイオードの基本構成を示す．通常，フォトダイオードは図 13.2 に示すように逆バイアスして使用するため空乏層が生じる．空乏層においては，電界強度が非常に強くなっている．

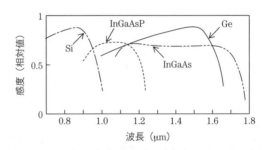

図 13.1 受光素子感度の材料依存性［文献 (1) による．］

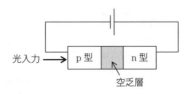

図 13.2 pn フォトダイオードの基本構成

光子を図のようにp型領域から入射したとすると，以下のようなことが起きる．

・p領域，n領域では光の吸収によって電子–正孔対が生じるが，これらは拡散長だけ拡散して再結合して消滅する．これは量子効率の低下要因となる．

・p領域で発生した電子，n領域で発生した正孔は，空乏層でドリフトするまで，各領域を拡散しなくてはならないが，拡散は時間を要するプロセスであり，これが応答速度を阻害する要因となる．

・空乏層においても電子–正孔対が生じ，空乏層は逆バイアスによって高電界になっているので，それぞれ高速でドリフトする．これが光電流に直接寄与する．

上記理由により，pn接合型のフォトダイオードでは，量子効率，応答速度の点で問題がある．

13.2.2　pinフォトダイオード

pnフォトダイオードの欠点を補うために，空乏層の領域を広げて，ほとんどの入力光が空乏層で吸収されるようにしたものが，pinフォトダイオードである．pinフォトダイオードは，p型領域とn型領域の間に不純物濃度の低い領域である空乏層（i）を設けた構造を有する．

一般に，空乏層の幅を大きくすればするほど感度は良くなるが，その一方，ドリフト時間が増加するため，応答速度は遅くなる．空乏層の幅を小さくすると感度は劣化するが，応答速度は速くなる．実際のデバイス設計においては，感度と応答速度のトレードオフ関係に留意しつつ，アプリケーションを考慮して設計が行われる．

pinフォトダイオードは，実際の光通信システムに広く利用されているデバイスである．

13.2.3　アバランシェフォトダイオード

アバランシェフォトダイオード（APD；avalanche photodiode）は，光子を電子–正孔対に変換するだけではなく，高速でドリフトする電子が，新たな電子–正孔対を発生するプロセス（イオン化）を用いて，感度を増加させる構造を持たせたものである．このような連鎖反応はなだれ的に起こるが，

これをアバランシェ（なだれ）増倍という．この現象は正孔によっても引き起こされる．

APD の構造は，通常の pin フォトダイオードに，アバランシェ増倍を起こすための領域を付加したものになっており，付加された領域において高電界が実現されている．

APD においては，上記のアバランシェ増倍作用によって，感度は増大するため，APD に対しては，式（13.3）は，

$$R_{APD} = MR = M\frac{\eta q}{h\nu} \tag{13.4}$$

となる．ただし M は増倍率である．

APD を用いると，感度が M 倍にはなるが，アバランシェ増倍はランダムな過程であり，増倍率 M はその平均値である．すなわち，アバランシェ増倍によって新たに雑音も加わることになるが，これを過剰雑音という．

13.3 光受信器

光通信システムにおいては，受信端で光信号を受信し必要な処理を施して再生出力を得る必要がある．**図 13.3** にこのような役割を果たす光受信器の基本構成を示す．光ファイバを伝送した光信号に対しては，まず受光素子で光電変換が行われ電気信号となる．受信光は光ファイバを伝送して微弱であることが多いため，通常は受光素子のすぐ後段に設けられた前置増幅器で初段の増幅が行われる．これらの受光素子と前置増幅器をまとめてフロントエンドと呼ぶ[2]．

フロントエンド出力は次段の増幅器に入力され，更に後段の回路を動作さ

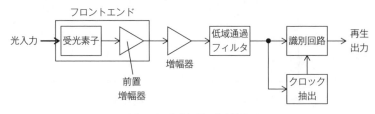

図 13.3 光受信器の基本構成

せるために十分な振幅まで増幅され，低域通過フィルタで高周波成分を取り除かれる．増幅された信号は，識別回路に入力され1, 0の判定が行われる．識別回路に1, 0の判定に必要なタイミングを供給するために，受信信号を分岐してクロック抽出回路で受信信号に含まれるクロック成分を抽出し，抽出されたクロックを識別回路に入力する．これらの概念については，既に前編の第7章，図7.2で説明したOOK信号の非同期検波による復調とほぼ同様である．なお図7.2の判定回路は，図13.3の識別回路と同じものである．

以下，光受信器の各部について概説する．

(1) フロントエンド部

図 13.4 に示すように，フロントエンド部は大別して2つの回路構成がある．受光素子は，電気回路的には定電流源とみなすことができるため，以下の議論では受光素子を定電流源で表すこととする．

(a) のハイインピーダンス型は，受光素子の光電流を，負荷抵抗 R_L で電圧変換している．この場合，負荷抵抗 R_L を大きくすることにより，受信電圧を高めることができる．しかしながら，フロントエンドの入力容量を C_T としたときに，フロントエンドの帯域は，

$$f_c = \frac{1}{2\pi R_L C_T} \tag{13.5}$$

で制限されるため，出力電圧を高めるために，負荷抵抗 R_L を大きくすると，逆にフロントエンドの帯域が制限されるという問題点がある．

(b) はトランスインピーダンス型と呼ばれる回路形式である．トランスインピーダンス型のフロントエンドでは，増幅器の出力から入力に負帰還回

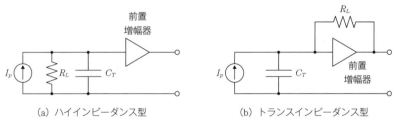

図 **13.4**　フロントエンドの回路構成

路を設けることにより，利得はハイインピーダンス型に比べて劣るが，帯域は広くすることができる．

負荷抵抗は増幅器の入出力間に接続されている．この場合，一般的な回路理論の考察によれば，実効的な入力インピーダンスは，前置増幅器の利得を G とすると，およそ R_L/G となるので，広帯域なフロントエンドが実現できる．

実際の光通信システムにおいて，どちらのフロントエンドを選択するかについては，所要帯域や必要な受信感度によって異なるが，大まかには

・伝送速度が低い場合：ハイインピーダンス型

・伝送速度が高い場合：トランスインピーダンス型

が用いられることが多い．

(2) 増幅器，低域通過フィルタ

低域通過フィルタでは，雑音を制限するために，できるだけ低い遮断周波数を用いる．第5章で議論した標本化定理によれば，遮断周波数は伝送速度の 0.5 倍まで狭めることができるはずであるが，実際のシステムにおいては，各部の特性が理想的な特性からずれていることにより，伝送速度の 0.7 倍程度に制限されることが多い．

(3) 識別回路

図 13.3 に示すように，受信信号を増幅後，低域通過フィルタを通過させた信号から，クロック抽出回路によりクロックを再生し，そのタイミングで識別回路により受信信号が 0 か 1 かを識別する．この動作の結果，受信信号が再生される．

13.4　光受信器の雑音

光受信器では，いくつかの考慮しなければならない雑音があり，これが光受信器出力の信号対雑音比，ひいては符号誤り率特性に直接的に関わっている．そこで本節では光受信器における各種雑音について論じる．

(1) 熱雑音

よく知られているように，抵抗体内部の電子のランダムな運動により熱雑音が発生する．熱雑音による雑音電圧の振幅は，ガウス分布に従い，雑音電

力（熱雑音により発生する電流 $i_T(t)$ の二乗平均値）は，次のように表される[2]．

$$N_T = \overline{i^2_T(t)} = \frac{4k_B T}{R_L} B_R \tag{13.6}$$

ただしここで，k_B はボルツマン定数（1.38×10^{-23} J/K），T は絶対温度，R_L は負荷抵抗値，B_R は受信器の帯域幅である．なお光受信器における雑音の議論においては，式 (13.6) に示すように，電流の二乗平均値によって雑音電力を表すことが多いことにも注意されたい．この場合の雑音電力の単位は A^2 である．

式 (13.6) に示すように，熱雑音は負荷抵抗値が大きいほど小さくなるため，13.3 節で述べたように，ハイインピーダンス型の光受信器は，熱雑音の観点からすると，トランスインピーダンス型よりも有利であることがわかる．

実際の光受信器においては，前置増幅器などの増幅器各部で熱雑音が発生する．このため，式 (13.6) をそのまま熱雑音の値として用いることはできない．各部で発生する熱雑音を総合した熱雑音値を示すために，増幅器の雑音指数 F を導入して，総合的な熱雑音電力を，

$$N_T = \frac{4k_B T}{R_L} F B_R \tag{13.7}$$

で表すことが一般的である．F は，増幅器によって雑音がどれだけ付加されるかを表すパラメータであり，雑音指数（noise figure）と呼ばれる．

実用的には，光受信器で発生する熱雑音の大きさを表すときには，等価入力雑音電流密度というパラメータがしばしば用いられる．これは，上記の雑音電力（電流の二乗平均値）を単位周波数帯域あたりの電流値に換算したもので，

$$i_c = \sqrt{\frac{4k_B T F}{R_L}} \tag{13.8}$$

で定義され，単位には通常 $pA/\sqrt{Hz}$ が用いられる．等価入力雑音電流密度を用いると受信器の熱雑音は，

$$N_T = i_c^2 B_R \tag{13.9}$$

と表すこともできる．

(2) ショット雑音

電流は電子の流れで構成されているが，電子の生起は定期的なものではなく，ランダムに発生する．この現象に起因する雑音がショット雑音である．一方，受光素子において，光子によって発生した電子にも同様なことがいえる．すなわち，入射する光子数は本質的にゆらいでおり，それにより発生する電子 - 正孔対の発生もランダムとなる．光通信の世界では，このような原因による雑音をショット雑音という．ショット雑音により，受光素子出力に現れる電流にもランダム性が生じ，これが雑音となって光通信システムの特性に影響を与える．

単位時間に発生する光子数は，統計的にはポアソン分布に従うが，発生する光子数が十分に多い場合には，ガウス分布で近似できることが知られている．ショット雑音による電流を $i_S(t)$ とすると，ショット雑音電流の二乗平均値は以下のように表される[2]．

$$N_S = \overline{i^2{}_S(t)} = 2qI_pB_R \tag{13.10}$$

ただし，I_p は式 (13.1) で定義したフォトダイオードの出力電流値である．実際には，受光素子に光入力がない場合でも，熱効果によりわずかながら電子 - 正孔対が発生する．これに基づく電流値を暗電流といい I_d で表す．

暗電流によってもショット雑音が発生するので，一般に式 (13.10) は，

$$N_S = \overline{i^2{}_S(t)} = 2q(I_p + I_d)B_R \tag{13.11}$$

と表すことができる．

式 (13.11) で表されるショット雑音は，光通信システムにおいて特有のものであるとともに，後述するように，条件によっては光通信システムの特性を決定する最も重要な要因となるものである．

(3) 全雑音

以上を総合すると，受光素子の出力電流 $i(t)$ は以下のように表わされる．

$$i(t) = I_p + i_T(t) + i_S(t) \tag{13.12}$$

式 (13.12) において，第 1 項が定常電流分，後の 2 項が雑音分である．熱雑音，ショット雑音は，それぞれ独立なガウス分布に従うとみなせるので，総合的な雑音電力 N は式 (13.7)，(13.11) より，

$$N = N_T + N_S = \frac{4k_B T}{R_L} FB_R + 2q(I_p + I_d)B_R \tag{13.13}$$

となる．式（13.13）を用いて，光受信器の信号対雑音比を求めることができる．

13.5 信号対雑音比

本節では光受信器の信号対雑音比（SN 比）について論じる．ここでは，pin フォトダイオードを用いた場合，APD を用いた場合について，それぞれ論じることとする．

13.5.1 pin フォトダイオードを用いた場合

光受信器出力の SN 比は，式（13.1），（13.13）を用いて，

$$SNR = \frac{I_p^2}{N} \tag{13.14}$$

で求めることができる．すなわち，

$$SNR = \frac{R^2 P_{in}^2}{\frac{4k_B T}{R_L} FB_R + 2q(RP_{in} + I_d)B_R} \tag{13.15}$$

となる．通常の場合には，ショット雑音は熱雑音に比べて十分に小さいので，式（13.15）は，

$$SNR \approx \frac{R^2 P_{in}^2}{\frac{4k_B T}{R_L} FB_R} = \frac{R_L R^2}{4k_B TFB_R} P_{in}^2 \tag{13.16}$$

となる．すなわち SN 比は P_{in}^2 に比例することがわかる．また，R_L が大きいほど，SN 比は良くなることがわかる．

13.5.2 APD を用いた場合

APD においては式（13.4）に示したように，出力電流は pin フォトダイオードを使用した場合に比べて増倍率の寄与があるので，発生する光電流を $I_{p,APD}$ とすると，

$$I_{p,APD} = MRP_{in} \tag{13.17}$$

となる．

また APD を用いることにより，二次的な正孔 – 電子対の生成が起こり，これはランダムな過程であるため，ショット雑音も増倍されることになる．詳細な解析によるとショット雑音は以下のようになる．

$$N_{S,APD} = 2qM^{2+x}(RP_{in} + I_d)B_R \tag{13.18}$$

ここで $x(0 \leq x \leq 1)$ は，APD の過剰雑音指数と呼ばれるものである．

したがって APD 光受信器の出力 SN 比は，

$$SNR = \frac{I_{p,APD}^2}{N_T + N_{S,APD}} = \frac{(MRP_{in})^2}{\dfrac{4k_BT}{R_L}FB_R + 2qM^{2+x}(RP_{in} + I_d)B_R} \tag{13.19}$$

となる．式 (13.19) において熱雑音が支配的であるとすると，

$$SNR \approx \frac{(MRP_{in})^2}{\dfrac{4k_BT}{R_L}FB_R} = \frac{R_L R^2}{4k_BTFB_R}M^2 P_{in}^2 \tag{13.20}$$

となる．式 (13.20) を式 (13.16) と比較すると，APD を用いることによって，SN 比が M^2 倍に改善されていることがわかる．

一方，式 (13.19) において，M を増加させていくと，分母第 2 項のショット雑音成分が優勢となってくることがわかる．このような状況の極限状態として，APD の過剰雑音指数，暗電流が 0 であると仮定すると，

$$SNR \approx \frac{(MRP_{in})^2}{2qM^2 RP_{in}B_R} = \frac{RP_{in}}{2qB_R} \tag{13.21}$$

となる．この状態をショット雑音限界という．以下の議論で明らかになるように，式 (13.21) で与えられる SN 比は，光通信システムにおいて実現できる SN 比の最大値である．ショット雑音限界よりも SN 比を向上させることは，原理的に不可能である．

さて，実際に M を変化させた場合に，各雑音の寄与がどのようになるかについて，見てみることにする．**図 13.5** は，M を増加させた場合の信号および各雑音電力の計算結果である．図 13.5 の計算は以下の仮定において行った．すなわち，信号波長 $= 1.55\,\mu\text{m}$，$i_c = 15\,\text{pA/Hz}^{1/2}$，$B_R = 2.5\,\text{GHz}$，$x = 0.7$，$\eta = 0.8$，$I_d = 5\,\text{nA}$，$P_{in} = -30\,\text{dBm}$ とした．

図 13.5 からわかるように，M が小さい場合には，光受信器の雑音は熱雑

音 (N_T) が支配的であるが, M が大きくなるにつれてショット雑音 (N_S) が支配的となる. これが光受信器に特有な雑音の挙動である.

　見方を変えて, M を変化させた場合の SN 比の変化を**図 13.6** を示す. 図 13.6 からわかるように, M が小さい場合には, SN 比は非常に小さいが, M を増大させるにつれて, 急激に増加して $M \fallingdotseq 17$ においてピークとなる. その後 SN 比は緩やかに減少していく. このように SN 比が急速に増加する理由は, 先に述べたように, M を増加させるに従って, 光受信器の雑音のうちショット雑音が支配的になっていくためである. このように, ショット雑音限界に近づけることにより SN 比が改善され, また SN 比を最大にする M が存在することがわかる.

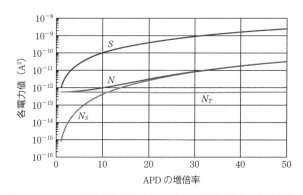

図 13.5 APD の増倍率を変化させたときの信号及び雑音電力の変化

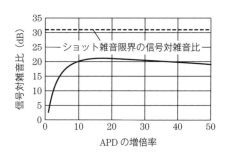

図 13.6 APD の増倍率を変化させたときの信号対雑音比の変化

以上の議論で明らかになったように，実際の光通信システムにおいては，高感度受信特性が求められる場合には，APDを用いた光受信器が用いられることが多い．

参考文献

（1）　末松安晴，伊賀健一，"光ファイバ通信入門（改訂4版），" オーム社，東京，2006.
（2）　G. P. Agrawal, "Fiber-optic communication systems," John Wiley & Sons, New York, 1992.

演習問題

1. 光受信器のフロントエンド部の回路構成には，大別してハイインピーダンス型とトランスインピーダンス型がある．両者の利害得失について述べよ．
2. ある光受信器があり，その帯域幅は 2.5 GHz，受信回路の負荷抵抗値は 50 Ω であるとしたとき，以下の値を求めよ．ただしボルツマン定数は 1.38×10^{-23} J/K，絶対温度は 300 K とし，光受信器内増幅器の雑音指数は 1 であるとする．
   (1) 光受信器で発生する熱雑音電力
   (2) 光受信器の等価入力雑音電流密度
3. ある APD を用いた光受信器があり，その帯域幅は 2.5 GHz，光受信器への入力信号の波長は 1.55 μm，入力電力は −30 dBm であるとする．また APD の増倍率は 10，過剰雑音指数は 0.7，暗電流は 0，量子効率は 0.8 であるとする．ただし真空中の光速を 2.998×10^8 m/s，プランク定数を 6.626×10^{-34} J·s，電子電荷を 1.602×10^{-19} C であるとする．このとき，以下の値を求めよ．
   (1) 光受信器出力の信号電力を求めよ．
   (2) 光受信器出力のショット雑音電力を求めよ．
4. 波長 1.55 μm で動作する光通信システムを考える．光送信器から出力される信号光電力は 20 mW である．光送信器出力には，損失 0.22 dB/km のシングルモード光ファイバ 150 km が接続されている．シングルモー

ド光ファイバの出力端には，動作波長において量子効率 0.7 の pin フォトダイオードを用いた，帯域幅 5 GHz の光受信器が接続されている．このようなシステムについて以下の問いに答えよ．ただし光送信器出力とシングルモード光ファイバ，及びシングルモード光ファイバと光受信器間は，接続損失がない理想的な接続がなされており，光受信器に入力された光信号は，損失なく全て pin フォトダイオードに入力されるものと仮定する．必要に応じて以下の各数値を使用せよ．電子電荷：1.602×10^{-19} C，真空中の光速：2.998×10^{8} m/s，プランク定数：6.626×10^{-34} J·s．

(1) 光送信器から出力される単位時間あたりの光子数を求めよ．
(2) シングルモード光ファイバ 150 km の全損失を，dB を単位として求めよ．
(3) 光受信器に入力される信号光電力を dBm を単位として求めよ．
(4) 受信光によって pin フォトダイオードに流れる電流値を求めよ．ただし pin フォトダイオードの暗電流は 0 とする．
(5) (4) で求めた電流により発生するショット雑音電力を求めよ．

第 14 章

強度変調・直接検波方式を用いた光通信システムの特性

　実際に用いられている光通信システムの多くにおいては，第 12 章で述べたように，光の強度をディジタル信号で変調する方法がとられている．受信側では第 13 章で論じたように，光の強度情報を受信して情報を復元する．このような方式を強度変調・直接検波（intensity-modulation direct-detection；IM-DD）方式という．本章では，IM-DD 方式における符号誤り率特性について考察する．

14.1　IM-DD 方式の符号誤り率特性

　第 13 章で学んだ光受信器の雑音特性を用いることにより，IM-DD 方式の符号誤り率特性を求めることができる．

　本節では，APD を用いた光受信器を使用した IM-DD システムについて考える．pin フォトダイオードを用いた場合は，APD を用いた場合の式において $M=1$，$x=0$ とおいて計算できるので，APD を用いた場合について考察しておけば，その結果は pin フォトダイオードを用いた場合にもそのまま適用できる．なお本節における議論は，本書の 5.5 節，および第 7 章の議論とも密接に関連するので，適宜参照されたい．

　光受信器の雑音をマーク時（信号があるとき），スペース時（信号がないとき）に分けて考える．

　マーク時の雑音 N_1 は，第 13 章の議論より以下のように表される．

$$N_1 \equiv \sigma_1^2 = \frac{4k_B T}{R_L} FB_R + 2qM^{2+x}(RP_{in} + I_d)B_R \tag{14.1}$$

またスペース時の雑音は，式（14.1）において $P_{in}=0$ とおいて，

$$N_0 \equiv \sigma_0^2 = \frac{4k_B T}{R_L} FB_R + 2qM^{2+x} I_d B_R \tag{14.2}$$

となる．

N_1, N_0 は，第13章で述べたようにガウス分布に従う．

一方，受信信号電流 i の平均値 I_p を，

$I_P = I_1$：マーク時 (14.3 a)

$I_P = I_0$：スペース時 (14.3 b)

と仮定すると，i の確率密度関数は，

$$p_1(i) = \frac{1}{\sqrt{2\pi}\,\sigma_1} \exp\left[-\frac{(i-I_1)^2}{2\sigma_1^2}\right]：マーク時 \tag{14.4 a}$$

$$p_0(i) = \frac{1}{\sqrt{2\pi}\,\sigma_0} \exp\left[-\frac{(i-I_0)^2}{2\sigma_0^2}\right]：スペース時 \tag{14.4 b}$$

となる．図14.1に受信信号の確率密度関数を図式的に示す．

さて，この場合の符号誤り率を求める．図14.1に示すように，マーク，スペースの判定をするための閾値を I_{TH} とすると，符号誤り率 P_e は式（14.4 a），（14.4 b）を用いて，

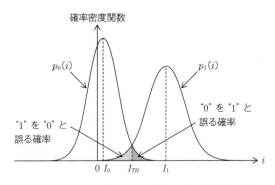

図 14.1 IM-DD 方式における受信信号の確率密度関数

$$P_e = \frac{1}{2}\int_{-\infty}^{I_{TH}} p_1(i)di + \frac{1}{2}\int_{I_{TH}}^{\infty} p_0(i)di$$

$$= \frac{1}{2}\left[\int_{-\infty}^{I_{TH}} \frac{1}{\sqrt{2\pi}\,\sigma_1} \exp\left\{-\frac{(i-I_1)^2}{2\sigma_1^2}\right\}di \right.$$

$$\left. + \int_{I_{TH}}^{\infty} \frac{1}{\sqrt{2\pi}\,\sigma_0} \exp\left\{-\frac{(i-I_0)^2}{2\sigma_0^2}\right\}di\right]$$

$$= \frac{1}{2}\left[\int_{\frac{I_1-I_{TH}}{\sigma_1}}^{\infty} \frac{1}{\sqrt{2\pi}} \exp\left\{-\frac{x^2}{2}\right\}dx\right.$$

$$\left. + \int_{\frac{I_{TH}-I_0}{\sigma_0}}^{\infty} \frac{1}{\sqrt{2\pi}} \exp\left\{-\frac{x^2}{2}\right\}dx\right] \tag{14.5}$$

と表すことができる．ここで第 5 章の式（5.48）で説明した補誤差関数 erfc を導入すると式（14.5）は，

$$P_e = \frac{1}{4}\left[\mathrm{erfc}\left(\frac{I_1-I_{TH}}{\sqrt{2}\,\sigma_1}\right) + \mathrm{erfc}\left(\frac{I_{TH}-I_0}{\sqrt{2}\,\sigma_0}\right)\right] \tag{14.6}$$

となる．式（14.5）が IM-DD 方式の符号誤り率を表す式である．

14.2　Q 値を用いたシステム特性評価

詳細な解析によると，式（14.6）の P_e が最小となるのは，第 1 項と第 2 項が等しいときで[1]，その条件は，

$$\frac{I_1-I_{TH}}{\sigma_1} = \frac{I_{TH}-I_0}{\sigma_0} \equiv Q \tag{14.7}$$

となる．ここで Q は Q 値（Q-factor）と呼ばれているもので，後に述べるように光通信システムの性能評価によく用いられるパラメータである．

式（14.7）より，P_e を最小とする I_{TH} の最適値 $I_{TH,\,OPT}$ は，

$$I_{TH,\,OPT} = \frac{\sigma_0 I_1 + \sigma_1 I_0}{\sigma_0 + \sigma_1} \tag{14.8}$$

と求められる．

pin フォトダイオードを用いた場合には，熱雑音が支配的であるので，

$$\sigma_0 \approx \sigma_1 \tag{14.9}$$

とみなすことができるため，式（14.8）は簡便になり，

$$I_{TH,OPT} = \frac{I_1 + I_0}{2} \tag{14.10}$$

となる．すなわち，0レベルと1レベルの中間に閾値を設ければよいことを示している．

一方 APD を用いた場合には，式（14.1）で表される N_1 のうちのショット雑音が増倍されるため，N_1 は式（14.2）の N_0 に比べて非常に大きくなる．このため，式（14.8）に従って閾値を設定する必要がある．

式（14.6），（14.7）より符号誤り率は，

$$P_e = \frac{1}{2} \mathrm{erfc}\left(\frac{Q}{\sqrt{2}}\right) \tag{14.11}$$

となる．すなわち，Q 値は符号誤り率と直接的に関わる量であり，Q 値が大きいほど符号誤り率は低くなることがわかる．

また式（14.7），（14.8）より，最適閾値を設定した場合の Q 値は，

$$Q = \frac{I_1 - I_0}{\sigma_1 + \sigma_0} \tag{14.12}$$

と表すことができる．

図14.2に，式（14.11）を計算した Q 値と符号誤り率の関係を示す．図

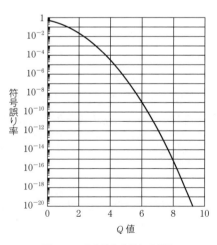

図14.2 Q 値対符号誤り率特性

14.2 からわかるように，Q 値が増加すると符号誤り率は急速に低下していく．また，実際の光通信システム特性の評価においては，Q 値がしばしば用いられ，

$$Q_{dB} = 10 \log_{10} Q^2 = 20 \log_{10} Q \tag{14.13}$$

で定義されるデシベル表示を用いることも多い．

参考文献

（1） G. P. Agrawal, "Fiber-optic communication systems," John Wiley & Sons, New York, 1992.

演習問題

1. 式（14.5）を導出してみよ．
2. 図 14.2 のグラフを自ら計算して描いてみよ．

第15章

光増幅器と光通信システムへの応用

　第8章で述べたように，光ファイバ通信システムが今日のような発展をとげた理由の一つに光増幅器の発明があげられる．本章ではまず光増幅器の種類と基本構成について述べる．その後，光増幅器の雑音特性の基本について考察する．更に光増幅器の各種応用形態について言及するとともに，各形態における雑音特性について理解を深めていくこととする．

15.1　光増幅器

　電気信号を介することなく，光信号を直接増幅する光増幅器は，現在の光ファイバ通信システムでは，ごく一般的に用いられている．しかし，その歴史は浅く，光増幅器が本格的に研究されたのは，1980年代に入ってからである．特に1980年代の後半にエルビウムドープ光ファイバ増幅器が発明されたことは，光ファイバ通信の世界に革命をもたらしたといっても過言ではない．

　実用的な光増幅器としてよく知られているものとしては，
・半導体レーザ増幅器
・エルビウムドープ光ファイバ増幅器（erbium-doped fiber amplifier；EDFA）

がある．

　図15.1(a)に半導体レーザ増幅器の基本構成を示す．半導体レーザ増幅

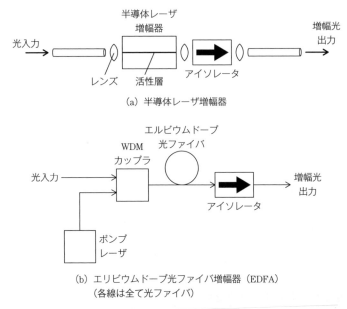

図 15.1　光増幅器の基本構成

器は，デバイスとしては半導体レーザと基本的に変わらないものを使用するが，その両端面に無反射コーティングを施して，進行波型として使用する．それによって入力光が誘導放出による増幅作用を受ける．増幅器出力端には光アイソレータが置かれており，これによって外部からの反射光による不安定動作などを防止する．半導体レーザ増幅器は，半導体レーザや光変調器などの光半導体と集積化可能な特徴を有しているため，このような用途で実用化されている．一方，半導体レーザ増幅器は本質的に利得の偏波依存性を有しているため，中継増幅器としての利用は困難であり実用システムでこの用途で利用されている例はほとんど見られない．

　EDFA の構成を図 15.1 (b) に示す．EDFA は，エルビウムを微量に添加したファイバ（エルビウムドープ光ファイバ）が増幅媒体になる性質を利用したものである．図 15.1 (b) に示すように，EDFA ではポンプレーザが設置され，ここから出力される 1.48 μm あるいは 0.98 μm 帯の光信号が，1.55 μm 帯の光信号とともに WDM カップラに入力され，合波された信号はエル

ビウムドープ光ファイバに入射される.ポンプレーザからの出力光は,エルビウムドープ光ファイバ内の Er^{3+} イオンを励起する.誘導放出は 1.53 μm 帯の遷移を用いたものであり,それによって 1.55 μm 帯の光信号が増幅される.開発当初の EDFA では,誘導放出の波長帯(1.53 μm 帯)と増幅波長帯(1.55 μm 帯)の波長の若干の相違によって,増幅波長帯で高い利得を得ることが困難であった.しかしながら,添加物の選択とその濃度の調整などの技術開発によって,利得波長帯の広帯域化が可能となったため,この相違による問題は現在では解決されている.EDFA の利得特性は,Er^{3+} ドープ量,エルビウムドープ光ファイバ長,ポンプ光パワーなどによって変化し,これらの最適化について,1990 年代に活発な技術開発が進められた.

EDFA は現在の光ファイバ通信システムに用いられている光中継増幅器,また光受信器直前に挿入される光前置増幅器において,ほぼ唯一の選択肢として用いられている.その理由は,EDFA が半導体レーザ増幅器に対して次のような利点を有するためである.

・入出力結合がファイバで行われるため,極めて低損失で結合できる.
・偏波依存性がほぼ 0 である.
・極めて広帯域であり,WDM 信号が一括で増幅できる.

15.2 光増幅器の雑音

光増幅中継システムの議論に入る前に,光増幅器特有の雑音について述べておく.光増幅器においては,自然放出光が増幅されることにより,これが雑音となってシステム特性に影響を与える.

自然放出光雑音の値は,光子の存在確率を表すレート方程式(マスター方程式)を解くことにより求めることができ,それに基づいて本節の議論を行う.なお,本節の議論における解析の詳細については,専門書を参照されたい[1],[2].以下の議論においては,光増幅器各部における損失はない理想的な状態を仮定する.

マスター方程式の解析結果のみを示すと,光増幅器に平均 $\langle n_0 \rangle$ 個の光子が入射した場合,出力の平均光子数 $\langle n \rangle$ は,

$$\langle n \rangle = \langle n_0 \rangle G + (G-1)n_{sp} \tag{15.1}$$

となる．ここで G は利得，n_{sp} は自然放出係数（反転分布パラメータ）である．式（15.1）の第1項は増幅された信号光を，第2項は増幅された自然放出光をそれぞれ表している．

n_{sp} は2準位系では，

$$n_{sp} = \frac{N_2}{N_2 - N_1} \tag{15.2}$$

と表される．ただし，N_1, N_2 は，基底状態および励起状態の原子密度である．完全な反転分布が形成されれば $n_{sp}=1$ であるが，現実にはそれは難しく，その場合には $n_{sp}>1$ となる．

更に雑音特性を求めるために，光子数の分散を計算すると，

$$\begin{aligned}\sigma^2 &= \langle n^2 \rangle - \langle n \rangle^2 \\ &= \langle n_0 \rangle G + (G-1)n_{sp} + 2\langle n_0 \rangle G(G-1)n_{sp} + (G-1)^2 n_{sp}^2\end{aligned} \tag{15.3}$$

となる．

式（15.3）の各項の意味は次のとおりである．

第1項：増幅された信号光によるショット雑音
第2項：増幅された自然放出光によるショット雑音
第3項：増幅された信号光と増幅された自然放出光間のビート雑音
第4項：増幅された自然放出光間のビート雑音

このように，光増幅器を用いたシステムにおいては，自然放出光に基づく特有の雑音があることがわかる．

図 15.2 に光増幅器出力の光スペクトルの一例を示す．自然放出光は，実際には数 10 nm 以上の広帯域にわたって存在する．そこで，実際の光通信システムでは，自然放出光による影響を軽減するため，図 15.2 に示すように，帯域幅 Δf の光バンドパスフィルタを用いることが一般的である．図 15.2 に示すように，Δf は自然放出光の帯域に比べれば十分に狭いが，入射光のスペクトル幅と比べれば十分に広いものとする．

このとき，単位時間に出力される光子数 $\langle N \rangle$ は式（15.1）より，

$$\begin{aligned}\langle N \rangle &= \int_0^\infty \langle n \rangle df \\ &= GN_0 + (G-1)n_{sp}\Delta f\end{aligned} \tag{15.4}$$

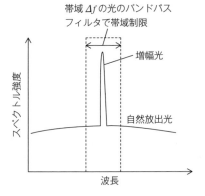

図15.2 光増幅器出力スペクトラム

となる. ただしここで,

$$N_0 = \int_0^\infty \langle n_0 \rangle df \tag{15.5}$$

であり, N_0 は単位時間あたりに入射する光子数を表す.

更に式 (15.3) の雑音についても同様な計算を行うと,

$$\Sigma^2 = \int_0^\infty \sigma^2 df$$
$$= GN_0 + (G-1)n_{sp}\Delta f + 2N_0 G(G-1)n_{sp} + (G-1)^2 n_{sp}^2 \Delta f \tag{15.6}$$

となる. 式 (15.6) の第3項は信号光と自然放出光のビート雑音を表す項である. この項は信号光が存在する周波数にしか被積分関数が値を持たないため, 第3項には Δf が関わらないことに注意されたい.

さて, これまでの議論においては, 半導体レーザ増幅器のような偏波依存性を持つ光増幅器を仮定し, 自然放出光の電界は信号光と同じ偏波面を持つものとしてきた. しかしながらEDFAにおいては, 信号光と直交する偏波成分を持つ自然放出光成分も考えなくてはならない. この場合, 式 (15.4) の第2項, 及び式 (15.6) の第2項, 第4項はそれぞれ2倍され, 以下のように表される.

$$\langle N \rangle = GN_0 + 2(G-1)n_{sp}\Delta f \tag{15.7}$$

$$\Sigma^2 = GN_0 + 2(G-1)n_{sp}\Delta f + 2N_0 G(G-1)n_{sp} + 2(G-1)^2 n_{sp}^2 \Delta f \tag{15.8}$$

15.3 光前置増幅器

15.2節では光子数を元にした議論を展開したが,第13章のような実際の光通信システムにおける雑音の議論を行うには,光子数を雑音電力に変換しなくてはならない.本節では,**図15.3**に示すように,光受信器の感度を向上するために,光受信器の直前に光増幅器を適用する光前置増幅器(optical preamplifier)について,雑音電力に基づいた議論を行う.

ここではEDFAの使用を仮定し,光子数のゆらぎが式(15.8)で与えられるときに,受光素子の量子効率(第13章 η)が1であると仮定すると,その分散 $\langle i_{sp}^2 \rangle$ は,

$$N_{sp} \equiv \langle i_{sp}^2 \rangle = 2q^2 \Sigma^2 B_R \tag{15.9}$$

で表されることが知られている[2].ここで B_R は第13章で定義した光受信器の帯域幅である.

また,第13章で定義した光電流の平均値 I_p は,

$$I_P = qGN_0 \tag{15.10}$$

となる.

更に,第13章の式(13.7)に示したように,光受信器の熱雑音は,

$$N_T = \frac{4k_B T}{R_L} FB_R \tag{15.11}$$

となる.

以上のことから,全雑音電力は,

$$N = N_T + N_{sp} \tag{15.12}$$

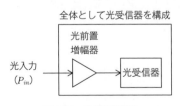

図15.3 光前置増幅器

となる．

したがって光受信器の SN 比は，式（15.8）～（15.12）より，

$$SNR = \frac{I_p^2}{N}$$

$$= \frac{q^2 G^2 N_0^2}{\dfrac{4k_B T}{R_L} FB_R + 2q^2\{GN_0 + 2(G-1)n_{sp}\Delta f + 2N_0 G(G-1)n_{sp} + 2(G-1)^2 n_{sp}^2 \Delta f\}B_R}$$

(15.13)

となる．

式（15.13）を参照するとわかるように，光増幅器の利得 G を十分大きくし，かつ光フィルタで適切に帯域制限していくと，式（15.13）の分母の第 4 項である信号光と自然放出光間のビート雑音が支配的になり，

$$SNR \approx \frac{q^2 G^2 N_0^2}{2q^2 2N_0 G(G-1)n_{sp} B_R}$$

$$\approx \frac{N_0}{4n_{sp} B_R} \tag{15.14}$$

となることがわかる．このような状態をビート雑音限界という．

第 13 章の結果と対比するために，光前置増幅器の入力光電力を P_{in} とすると，

$$N_0 = \frac{P_{in}}{h\nu} = \frac{RP_{in}}{q} \tag{15.15}$$

となるから，式（15.15）を式（15.14）に代入して，

$$SNR \approx \frac{RP_{in}}{4qn_{sp} B_R} \tag{15.16}$$

が得られる．光増幅器の理想的な状態を考え，式（15.16）において $n_{sp}=1$ とおくと，

$$SNR \approx \frac{RP_{in}}{4qB_R} \tag{15.17}$$

となる．

式（15.17）で表されるビート雑音限界の SN 比を，第 13 章で求めたショッ

ト雑音限界のSN比を表す式 (13.21) と比較すると，式 (15.17) はちょうど 1/2 の値になっていることがわかる．式 (15.17) で与えられる SN 比は，ショット雑音限界のSN比には及ばないものの，第13章で議論した光受信器が熱雑音に支配された状態のSN比よりも非常に高い値である．以上の議論により，光増幅器を光前置増幅器として用いることにより，非常に高感度な受信器が実現できる．今日でも，多くの光通信システム，特に長距離システムでは，光受信器の前段に光前置増幅器が用いられている．

一方，光前置増幅器を用いない場合のSN比を求めるために，式 (15.8) において $G=1$ とおくと，

$$\Sigma^2 = N_0 \tag{15.18}$$

となる．式 (15.18) に式 (15.9) を適用し熱雑音の影響を無視すると，

$$N_{sp} = 2q^2 N_0 B_R \tag{15.19}$$

が得られる．ここで，

$$I_p = qN_0 \tag{15.20}$$

であるから，式 (15.19) より，

$$N_{sp} = 2qI_p B_R \tag{15.21}$$

となるが，これは第13章の式 (13.10) と一致していることに注意されたい．

さて，受信信号のSN比を $(S/N)_{in}$ とすると，式 (15.19)，(15.20) より，

$$(S/N)_{in} = \frac{(qN_0)^2}{2q^2 N_0 B_R} = \frac{N_0}{2B_R} = \frac{RP_{in}}{2qB_R} \tag{15.22}$$

となるが，これは第13章の式 (13.21) に示したショット雑音限界の SN 比と一致していることに注意されたい．

一方，光増幅器で増幅された光を検出したときのSN比を $(S/N)_{out}$ とすると，ビート雑音限界においては，式 (15.14) より，

$$(S/N)_{out} \approx \frac{N_0}{4n_{sp}B_R} \tag{15.23}$$

となる．

光増幅器の雑音指数 (noise figure) は次式で定義される．

$$F = \frac{(S/N)_{in}}{(S/N)_{out}} \tag{15.24}$$

すなわち，F は光増幅器で新たに加わった雑音による SN 比の劣化度合いを表す．ビート雑音限界が達成されている場合，F は式 (15.22)～(15.24) より，

$$F = 2n_{sp} \tag{15.25}$$

となる．光前置増幅器が理想的な光増幅器であり，$n_{sp}=1$ とすることができれば，F は最小値 2（3 dB）を取ることがわかる．すなわち，光前置増幅器を用いた場合には，理想的な場合でも SN 比に 3 dB の劣化が生じることがわかった．商用に供されている一般的な光増幅器（EDFA）では，雑音指数は 5 dB 程度以上である．

15.4 光増幅中継方式

光増幅器のもう一つの代表的な応用例が，光中継増幅器である．光中継増幅器は，光ファイバ伝送路によって損失を受けた光信号の電力を所定の値まで回復させる機能を有する．本節では光中継増幅器について考察する[1], [2]．

まず，光子数 N_0 の光信号が光増幅器に入力される状況を考える．

光増幅器で増幅された信号が長さ L の光ファイバを伝搬すると，光信号は，第 11 章の式 (11.43) より，

$$\Gamma = \exp(-\alpha L) \tag{15.26}$$

で与えられる損失を受ける．ただし α は光ファイバの減衰定数である．したがって，光ファイバを伝搬した後の平均光子数と光子数の分散は，式 (15.7)，(15.8) より，それぞれ，

$$\langle N \rangle = \Gamma G N_0 + 2\Gamma(G-1)n_{sp}\Delta f \tag{15.27}$$

$$\Sigma^2 = \Gamma G N_0 + 2\Gamma(G-1)n_{sp}\Delta f + 2\Gamma^2 N_0 G(G-1)n_{sp} + 2\Gamma^2(G-1)^2 n_{sp}^2 \Delta f \tag{15.28}$$

となる．

したがって光信号の SN 比は，式 (15.9)，(15.10)，(15.27)，(15.28) より，

$$SNR = \frac{(\Gamma G N_0)^2}{2[\Gamma G N_0 + 2\Gamma(G-1)n_{sp}\Delta f + 2\Gamma^2 N_0 G(G-1)n_{sp} + 2\Gamma^2(G-1)^2 n_{sp}^2 \Delta f] B_R} \tag{15.29}$$

となる．

ここで次の二つの場合について考える．

(1) ファイバが短く減衰が小さいとき

このときは，$\varGamma G>1$ であるから，$\varDelta f$ が十分に小さい値であれば，

$$SNR \approx \frac{N_0}{4n_{sp}B_R} \tag{15.30}$$

となる．これは，式（15.14）に示したビート雑音限界の状態である．つまり光前置増幅器を利用した場合に相当する．

(2) ファイバが長く減衰が大きいとき

このような場合には，$\varGamma G<1$ であることから，式（15.29）の分母において第1項のショット雑音が支配的になる．このときの SN 比は，

$$SNR \approx \frac{\varGamma G N_0}{2B_R} \tag{15.31}$$

となる．

すなわち，ファイバ長が長くなり損失が増加していくほど，SN 比は劣化していくため，SN 比を回復するための何らかの措置が必要となることがわかる．

そこで**図 15.4** に示すように，光増幅器を中継増幅器として使用する，光増幅中継システムが検討され実用化されてきた．図 15.4 に示すような K 段の多段増幅システムを考える．各光増幅器の利得 G と雑音指数 F は全て同じ値であるとする．また，各区間の光ファイバ伝送路損失も $\varGamma$ で同じ値であるとし，ファイバ損失が光増幅器の利得で完全に補償される状態，すなわち，

$$\varGamma G = 1 \tag{15.32}$$

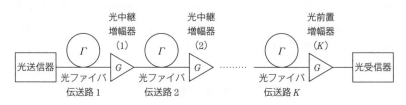

図 15.4 光増幅中継システム

が成立しているものとする．なお最終段の K 番目の光増幅器は，図 15.4 に示すように，光前置増幅器として使用されるものである．

このようなシステムにおいて，最終段の光増幅器出力の平均光子数と分散は，

$$\langle N \rangle = GN_0 + 2K(G-1)n_{sp}\Delta f \tag{15.33}$$

$$\Sigma^2 = GN_0 + 2K(G-1)n_{sp}\Delta f + 2KN_0 G(G-1)n_{sp} + 2K^2(G-1)^2 n_{sp}^2 \Delta f \tag{15.34}$$

で与えられる．

この場合，Δf が十分に小さい値であれば，式（15.34）の右辺のうち，信号光—自然放出光間ビート雑音が支配的となる．したがって最終段の光増幅器出力信号の SN 比は，

$$(SNR)_K \approx \frac{(GN_0)^2}{4KN_0 G(G-1)n_{sp}B_R} \approx \frac{N_0}{4Kn_{sp}B_R} \approx \frac{N_0}{2B_R}\frac{1}{2Kn_{sp}} \tag{15.35}$$

となる．光増幅器を用いない場合の SN 比は，ショット雑音限界の SN 比であり，式（15.22）で与えられるので，光増幅器を K 段縦続に接続したシステムの雑音指数 F_K は，

$$F_K = \frac{(SNR)_{in}}{(SNR)_K} = \frac{N_0}{2B_R} \Big/ \left(\frac{N_0}{2B_R}\frac{1}{2Kn_{sp}}\right) = 2Kn_{sp} \tag{15.36}$$

となる．これを式（15.25）と比較すると，雑音指数は増幅器が 1 台のみの場合の K 倍となっていることがわかる．

現在の長距離光通信システムでは，光増幅中継方式が広く用いられている．光増幅器は WDM 信号を一括増幅できることから，1995 年前後から商用化され，その後急速に普及した．光増幅中継システムの実用化により，長距離大容量光通信システムの実現が可能となり，これが今日のインターネット発展の一つの基礎となっている．陸上光増幅中継システムでは，中継間隔はおよそ 40 〜 80 km 程度である．

参考文献

（1） T. Okoshi and K. Kikuchi, "Coherent optical fiber communications," KTK

Scientific Publishers, Tokyo, 1988.
（2）　山本喜也，"光ファイバ通信技術，"日刊工業新聞社，東京，1995.

演習問題

1. エルビウムドープ光ファイバ増幅器の有する特徴（利点）を3つ述べよ．
2. 光受信器の前に光増幅器を置く形態のいわゆる光前置増幅器は，実システムではしばしば用いられる．光前置増幅器を用いることによる利点について，光受信器の信号対雑音比の観点から説明せよ．

第16章

波長多重光通信システム

既に述べたように,波長多重光通信システムは,WDM (wavelength-division multiplexing) システムとも呼ばれ,近年の大容量光通信システムを実現させた中核技術の一つである.本章では各種WDMシステムとその周辺技術について学習する.

16.1 波長多重光通信システムの基本概念

WDMシステムの基本構成を**図 16.1** に示す.WDMシステムにおいては,波 $\lambda_1 \sim \lambda_N$ を送出する N 台の送信器が送信端に置かれる.各送信器からの出力光信号は,波長合波器で合波され光ファイバ伝送路に入力される.伝送後

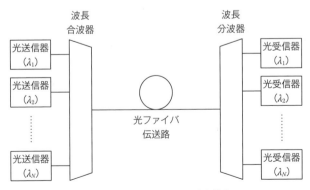

図 16.1 WDMシステムの基本構成

のWDM信号は，波長分波器で$\lambda_1 \sim \lambda_N$の各波長信号に分波され，N台の光受信器で受信される．図16.1では光ファイバ伝送路に光中継増幅器を使用しない場合を例示したが，光中継増幅器を使用することも可能であり，この場合には既に第15章で述べたEDFAの特徴である，WDM信号の一括増幅特性が利用される．

光ファイバ通信で使用可能な波長帯の名称は，1,260～1,675 nmの範囲で定められている．**表16.1**に示すように，六つの波長帯が名称とともに定められており，この名称で波長帯を示すことが広く行われている[1]．長距離伝送でよく用いられるのは，光ファイバの損失が最小となるCバンドである．またDSFのゼロ分散波長から信号波長帯をずらして，ファイバ四光波混合光の発生を抑えるために，日本ではLバンドがDSFにおいてよく用いられる．Oバンド，Sバンドは，光アクセス系で用いられている．Eバンドでは，既に11.2節で述べたOH基による損失上昇（ピークは1,383 nm付近）が古いファイバにはあったが，その後の技術革新により，本原因による損失上昇はほとんど見られなくなっている．

さて，WDMシステムにおける波長配置には，大別して以下の二とおりの方法がある．

(1) DWDM (dense WDM)

隣り合う信号間の周波数間隔を50 GHz（1.55 μm帯ではおよそ0.4 nmの波長間隔に相当）あるいは100 GHz（同様に0.8 nmの波長間隔に相当）としたものである．周波数間隔が狭いため，1本の光ファイバで大容量の伝送を行うことができる．その反面，装置のコストが高くなる．このため，

表16.1 光ファイバ通信で使用される波長帯

バンド	波長範囲 (nm)
Oバンド	1,260～1,360
Eバンド	1,360～1,460
Sバンド	1,460～1,530
Cバンド	1,530～1,565
Lバンド	1,565～1,625
Uバンド	1,625～1,675

DWDM は伝送容量の多い基幹伝送路に適用されることが多い．

(2) CWDM (coarse WDM)

隣り合う信号間の波長間隔が 20 nm と広く，それほど大容量を必要としないが，低コスト性が追及される伝送路に利用されることが多い．実際にはメトロ系伝送路などでよく利用される．

上記の DWDM, CWDM システムについては，利用可能な光周波数（波長）が国際標準（ITU-T 勧告）として定められている[2],[3]．このことにより光デバイスの開発が急速に進展し，光通信システムの普及が促進された．

16.2 光合分波技術

16.1 節で述べたように，WDM システムにおいては，異なる波長の光信号を送信側に設置された光合波器で多重し，受信側の光分波器で分離する必要がある．これらの光合波器，光分波器に用いられる技術について概観する．

最も基本的な技術は，共振器構造を用いた光フィルタ技術である．反射率を持たせた平行平板は，光バンドパスフィルタの特性を有することが古くから知られている[4],[5]．一般に平行平板の反射率が高いほど，バンドパスフィルタとしての帯域幅が狭くなる．実際のデバイスにおいては，上記原理を用いて，屈折率の異なる誘電体，例えば SiO_2（屈折率 1.45），TiO_2（屈折率 2.5）を交互に積み重ねた誘電体多層膜フィルタがよく用いられている．

現在の光通信システムにおける合分波器として最もよく用いられているのは，AWG (arrayed waveguide grating) である[5]〜[7]．AWG は**図 16.2** のような構造を持つものである[7]．AWG に WDM 光が入射されると，WDM 光は入力スラブ導波路に入射され，導波路中の回折現象により広がってアレー導波路に入射される．アレー導波路は図 16.2 からもわかるように，隣り合う導波路に光路差が生じるように設計されている．アレー導波路を伝搬した WDM 光は，出力スラブ導波路に入射し回折するが，アレー導波路で付加された光路差により，出力スラブ導波路に接続された個々の出力導波路の方向へは，特定の波長が強め合うようになる．このような構造により，WDM 光から個々の波長を分離することができる．AWG は，上記の逆の動作も可能であるため，波長合波器としても使用できる．

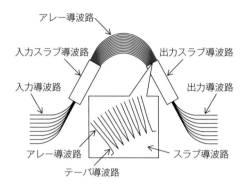

図 16.2 AWG の構造［文献（7）による．© 2009 IEEE．］

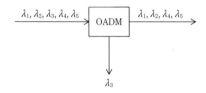

図 16.3 OADM の動作例

　DWDM システムにおける波長合波器，分波器には，AWG が広範に使用されており，周波数間隔が 50 GHz，100 GHz などに対応した AWG が利用されている．

　また，光フィルタ技術を組み合わせることにより，伝送路の途中で特定の光を合分波する OADM（optical add-drop multiplexer）も商用化されている．**図 16.3** は OADM の一例を示す図である．図 16.3 に示すように，例えば λ_1 〜 λ_5 で構成される WDM 光を波長 λ_3 の光のみを分岐する OADM に入力すると，波長 λ_3 の光は分岐され，そのほかの光はそのまま通過させるようなことが可能となる．

　現在の商用光通信システムにおいては，これらの光合分波技術と光スイッチング技術を用いて，任意の波長信号を任意の伝送路へルーティング可能な装置が商用化されており，今後ますますこのような技術が高度化していくことが期待されている．

16.3 基幹伝送系波長多重光通信システム

第8章で述べたように，全世界に張り巡らされた基幹光ファイバ伝送路においては，1995年頃以降のWDMシステムの商用化によって，急速に伝送容量が拡大してきた．

1995年頃からは，2.5 Gbit/s×4チャネル，2.5 Gbit/s×16チャネルと伝送容量が拡大していった．その後2000年前後から，10 Gbit/s×40チャネル，10 Gbit/s×128チャネル（総伝送容量1.28 Tbit/s）と，システムの大容量化が進んできた．更に2005年頃からは40 Gbit/s×64チャネル（総伝送容量2.56 Tbit/s）システムが商用化されている．

その後，2009年末には，ディジタルコヒーレント光通信技術の実用化によって，100 Gbit/s×88チャネル（総伝送容量8.8 Tbit/s）システムが商用化され，更に96チャネルのシステム（総伝送容量9.6 Tbit/s）が登場して現在に至っている．

WDMシステムの信号間波長間隔も，当初は200 GHzのものが多かったが，その後，AWG技術の発展などによって，100 GHz，50 GHzと狭帯域化が進んでいる．また，利用波長帯は，CバンドあるいはLバンドである．伝送容量に対する要求が大きい場合には，C, Lバンドの両者を用いることもあり，C＋Lバンドと記載される．

16.4 光アクセスシステム

今や家庭でも光ファイバを用いて通信を行う時代となった．この場合，住宅に入っている光ファイバは，住宅から数km～十数km程度のところにある通信事業者の設備に収容されている．このようなシステムを光アクセスシステムと呼んでいるが，ここでもWDM技術が使われている．ここで用いられているWDMシステムは，コンシューマにも適用可能な技術である必要があり，このため低コスト性が追及された結果，先に述べたDWDM，CWDMとは全く異なる波長条件の光信号が使用されている．

図16.4に光アクセスシステムの基本構成を示す．図16.4の局側設備は，OLT（optical line terminal），加入者側設備はONU（optical network unit）

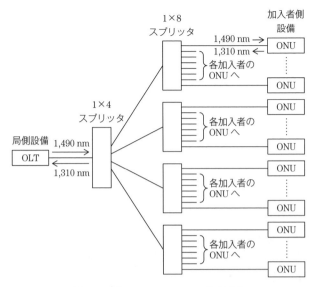

図16.4 光アクセスシステムの基本構成

と呼ばれている．光アクセスシステムで最も特徴的なのは，以下の点である．

・設備コストを低減化するために，1台の局側設備で32〜64程度の複数の加入者設備を収容する．

・伝送路設備コストも低減化するために，1芯の光ファイバに上り，下りの双方向の光信号を伝搬させる．この場合，上り，下り信号の波長を異なるものとしている点で，WDMシステムの1形態とみることができる．

・伝送路設備コスト低減化のためのもう一つの手段として，局側設備〜加入者設備間において，光スプリッタを2段用いて，加入者信号の分岐，合波を行っている．図16.4で示した例は，局側設備の直後に4分岐スプリッタを挿入して，4本の伝送路へ分岐し，更に加入者に近いところで8分岐スプリッタを用いることにより，合計で32加入者を収容可能なシステムである．このようなネットワークをPON（passive optical network）と呼んでいる．

・下り信号内では各加入者信号を，第6章で述べた時分割多重して伝送する．したがって各加入者のONUには全ての加入者への信号が到達するが，その中で自局への信号のみを選択できるように構成されている．また上り信

号についても同様にTDM多重されるが，各ONUがOLTに向かってデータを送信するため，複数のONUが同時にデータを送信すると衝突が生じる．これを回避するために，上り信号送出のタイミングを調整して送信する．このような方式をTDMA（time-division multiple access）方式と呼ぶ．

使用波長は，国際標準化機関であるITU-T，IEEEで標準化されている．上り，下りの伝送速度が最大1 Gbit/sであるGE-PON（gigabit Ethernet PON）[8]，及び上り，下りの伝送速度が最大2.4 Gbit/sであるGPON（gigabit PON）[9]における下り信号の波長は1,490±10 nm，上り信号の波長は1,310±50 nmとなっている．特に上り信号の波長幅が広い理由は，加入者側に設置するONU内のレーザへの要求条件を緩和して，システムのコストを抑えるためである．

最近では伝送速度が10 Gbit/sレベルのPONも標準化が完了し，今後の商用化が期待される．

参 考 文 献

（1） Supplement 39 to ITU-T G-series Recommendations, "Optical system design and engineering considerations," 2012.
（2） ITU-T Recommendation G.694.1, "Spectral grids for WDM applications：DWDM frequency grid," 2012.
（3） ITU-T Recommendation G.694.2, "Spectral grids for WDM applications：CWDM wavelength grid," 2003.
（4） M. Born and E. Wolf, "Principles of optics," 7th expanded edition, Cambridge University Press, Cambridge, 1999.
（5） 山本晃也，"光ファイバ通信技術，"日刊工業新聞社，東京，1995.
（6） H. Takahashi, S. Suzuki, K. Kato, and I. Nishi, "Arrayed-waveguide grating for wavelength division multi/demultiplexer with nanometre resolution," Electronics Letters, Vol.26, No.2, pp.87-88, Jan. 1990.
（7） Y. Sakamaki, S. Kamei, T. Hashimoto, T. Kitoh, and H. Takahashi, "Loss uniformity improvement of arrayed-waveguide grating with mode-field converters designed by wavefront matching method," IEEE Journal of Lightwave Technology, Vol.27, No.24, pp.5710-5715, Dec. 2009.
（8） IEEE Standard 802.3 ah, "Carrier sense multiple access with collision detection (CSMA/CD) access method and physical layer specifications," 2004.
（9） ITU-T Recommendation G.984.1, "Gigabit-capable passive optical networks (GPON)：General characteristics," 2008.

演習問題

1. WDMシステムにおいては，例えば 50 GHz の周波数間隔で信号光を配置して，同時に多くの信号を多重して伝送する．いま使用する波長が 1.55 μm 付近であるとしたとき，50 GHz の周波数間隔で配置された二つの信号光について，波長領域で見た場合の波長間隔を，nm を単位として求めよ．ただし真空中の光速は 2.998×10^8 m/s とする．

2. WDMシステムにおいては，大別して DWDM, CWDM の二つの波長配置の方法がある．DWDM, CWDM のそれぞれの特徴について述べよ．

第17章

コヒーレント光通信システム

17.1 基礎的概念

　コヒーレント光通信システムは，東京大学の大越孝敬名誉教授（故人）によって，1979年に提唱された光通信方式である[1]．
　コヒーレント光通信方式のIM-DD方式に対する違いは，主に以下の点である．
　・変調に光の周波数，位相情報までを利用する．すなわち，強度変調のみならず，第7章で述べたFSK，PSKを利用する．
　・局部発振光を用いて，光受信器においてコヒーレントヘテロダイン検波（あるいはホモダイン検波）を行うことにより，光信号の電界強度を受信する．
　図17.1にコヒーレント光通信システムの基本構成を示す．送信器から出力される光には，FSK，PSK変調が加えられている．また，利用されるこ

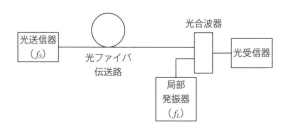

図17.1　コヒーレント光通信システムの基本構成

とは少ないが，ASK変調も可能である．送信器用レーザの発振周波数をf_Sとし，受信側に用意された局部発振器内のレーザ発振周波数をf_Lとする．光ファイバ伝送路を伝搬した変調光は，受信側で光合波器によって，局部発振器からの出力光と合波されて，両信号は光受信器に導かれる．

まず，コヒーレントヘテロダイン検波によって，光信号が受信できることを数学的に証明してみる．コヒーレント光受信器入力における信号光，局部発振光（局発光）の電界をそれぞれ，

$$E_S = \sqrt{2P_S}\cos(2\pi f_S t + \phi_S) \tag{17.1}$$

$$E_L = \sqrt{2P_L}\cos(2\pi f_L t + \phi_L) \tag{17.2}$$

と表すことにする．ただしここで，P_S：信号光の電力，f_S：信号光の周波数，ϕ_S：信号光の位相，P_L：局部発振光の電力，f_L：局部発振光の周波数，ϕ_L：局部発振光の位相である．

さて，信号光と局部発振光は同時に光受信器内の受光素子に入力される．ここで，受光素子にpinフォトダイオードを用いるものとする．フォトダイオードは，一般的に二乗検波特性を有するから，その出力電流（中間周波電流）は，

$$i_{IF} = R(E_S + E_L)^2 \tag{17.3}$$

となる．ただしここでRは既に第13章で学んだ感度である．

式 (17.1), (17.2) を式 (17.3) に代入し，フォトダイオードは光の周波数には応答しないことを考慮すると，

$$i_{IF} = R[P_S + P_L + 2\sqrt{P_S P_L}\cos\{2\pi(f_S - f_L)t + \phi_S - \phi_L\}] \tag{17.4}$$

となる．ここで式(17.4)の最終項は，信号光と局発光の差の周波数成分を持った成分であり，これをビート信号，あるいは中間周波信号と呼ぶ．

このビート信号，

$$i_{beat} = 2R\sqrt{P_S P_L}\cos\{2\pi(f_S - f_L)t + \phi_S - \phi_L\} \tag{17.5}$$

は，元々の変調信号光の変調情報はそのままに保たれ，周波数だけが光の周波数領域から電気の周波数領域に変換されたものである．したがって，中間周波信号を得た後は，電気信号である中間周波信号を，通常の電気回路によって復調していけばよい．

ここで，f_S, f_Lが異なるか，等しいかによって，以下のように呼ぶ．

$f_S \neq f_L$:コヒーレントヘテロダイン検波

$f_S = f_L$:コヒーレントホモダイン検波

17.2 各種コヒーレント光通信方式における変復調方式

中間周波信号の復調には，第7章で述べたような同期検波と非同期検波が用いられる．ASK, FSK, PSK, DPSK, QPSK それぞれの変調時について，17.1節で述べたビート信号を得た後の復調方法および符号誤り率特性に関する議論は，第7章で既に述べたので参照されたい．

コヒーレント光通信方式における復調方法も，基本的には第7章で述べた方法と同様であり，1980年代から90年代にかけて，各方式に対して研究開発が行われてきた[2], [3]．

第7章で述べた各種変復調方式以外で，コヒーレント光通信方式において精力的に検討されてきたものに，17.1節で述べたホモダイン検波方式がある．ホモダイン検波方式における受信信号は，式 (17.5) において $f_S = f_L$ とおき，位相変調による位相変動項を $\phi_m(t)$ とすると，

$$i_{beat} = 2R\sqrt{P_S P_L} \cos\{\phi_m(t) + \phi_S - \phi_L\} \tag{17.6}$$

となる．式 (17.6) の $\phi_S - \phi_L$ は，信号光と局発光の位相ゆらぎに起因するため，このままでは変調情報である $\phi_m(t)$ を正しく復調することはできない．このため，ホモダイン方式では，信号光と局発光の位相を同期する，すなわち $\phi_S - \phi_L = 0$ を実現する必要が生じる．

この問題についても，数多くの研究開発が行われたが，そのうち代表的なものであるコスタス型位相同期ループを用いたホモダイン検波回路構成を**図17.2**に示す．図17.2に示す光90度ハイブリッドは，出力の上側のポートに対して，下側の出力に現れる局発光成分が90度の位相差を有するような動作をするデバイスである．図17.2のような構成を用いると，図中のI信号，Q信号成分と呼ばれる i_I, i_Q は，本質的でない成分を除くと，それぞれ次のように表される[3]．

$$i_I = \cos\{\phi_m(t) + \phi_S - \phi_L\} \tag{17.7 a}$$
$$i_Q = \sin\{\phi_m(t) + \phi_S - \phi_L\} \tag{17.7 b}$$

これらの信号成分は図17.2の乗積回路で乗積され，その出力 i_{multi} は，

第17章　コヒーレント光通信システム　　　　　　　　　　**228**

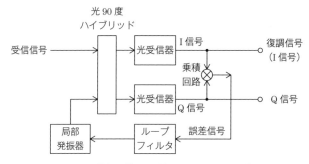

図17.2 コスタス型位相同期ループを用いたホモダイン検波回路構成

$$i_{multi} = \sin\{2(\phi_S - \phi_L)\} \tag{17.8}$$

となる．ただしここでは，2値のPSK変調を仮定し，$\phi_m(t)=0$またはπであることを用いた．

　式 (17.8) からわかるように，I信号とQ信号の乗算によって，PSK変調の場合には変調成分が消失し，純粋に誤差信号が得られることがわかる．したがって，式 (17.8) で得られた誤差信号を局発光用レーザにフィードバックすることにより，局発光の位相が絶えず信号光の位相に追随する状況を得ることができる．本節に述べたような各種方式に関する研究開発が，1980年代を中心に活発に行われたが，結局は全て実用化に至らなかった．その理由のうちの最も大きなものとしては，第15章で述べた光増幅器の出現によって，光受信器においてビート雑音限界の受信感度の実現が可能になったことがあげられる．後述するように，コヒーレント光通信方式を用いれば，理論的にはビート雑音限界よりも3 dB 良好なショット雑音限界の受信感度を実現することができる．しかしながら，コヒーレント光通信方式実現には解決すべき課題が多く，それらの課題を解決して商用化するためのコストが大きかったことが，実用化を阻んでいたといってよい．しかしながら，2005年前後からのディジタルコヒーレント光通信方式の出現によって上述した状況は一変し，100 Gbit/s データ伝送という最速の光通信方式において，コヒーレント光通信方式は実用化されることになった．上述したコスタス型位相同期ループにおける，I信号，Q信号の復調技術をはじめとした1980年代の研究成果は，後述するようにディジタルコヒーレント光通信方式に確実に引

き継がれていくことになる．

17.3 偏波ダイバーシティ光受信方式

　これまでの議論から明らかなように，コヒーレントヘテロダイン，ホモダイン検波においては，光受信器内の受光素子において，信号光と局発光のビート成分を生成する．これまでは暗黙のうちに仮定してきたが，この場合には信号光と局発光の偏波状態が完全に一致することが必要である．

　一方，10.4 節で述べたように，伝搬モードである HE_{11} モードとしては，二つの直交するモード HE_{11x} モード，HE_{11y} モードが伝搬可能であり，これらのモードの伝搬定数の違い（複屈折）により，伝搬モードは様々な偏波状態をとる．またこの偏波状態は，光ファイバの置かれた環境条件（温度，応力，張力など）によって時々刻々変化することが知られている[3]．

　受信装置内の安定な環境に設置された局発光の偏波状態が一定であると仮定すると，式（17.5）のように生成されるビート信号成分は，信号光と局発光の偏波状態が完全に一致した成分のみに対して現れるため，ビート信号成分の強度は，信号光の偏波状態変動に伴って時々刻々変動することになり，この状態では安定した通信を実現することはできない．

　したがって，コヒーレント光通信方式においては，上述した信号光の偏波状態変動に対する方策を施さない限り実現が困難であるため，本問題に対しても活発な研究開発が行われてきた[3]．

　最終的に本問題に対する解として，ディジタルコヒーレント光通信方式において実現された方式が，**図 17.3** に示す偏波ダイバーシティ光受信方式である[4]．光ファイバ伝送路を伝送して受信器に入力された受信信号（信号光）は，局発光と光合波器で合波される．合波された信号光と局発光の偏波状態は一般的には一致していないため，両信号を偏光ビームスプリッタで x 偏波成分，y 偏波成分に分離する．各偏波成分に分離後の信号光と局発光の偏波状態は完全に一致しているので，それぞれを別々に光受信器でコヒーレント検波し，各信号を復調器で復調後に合成回路で合成すれば，偏波状態変動によらない復調信号を得ることができる．

　偏波ダイバーシティ光受信方式は，現在実用化されているディジタルコ

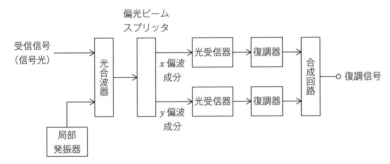

図 17.3 偏波ダイバーシティ光受信方式

ヒーレント光通信方式において採用されている．

17.4 ディジタルコヒーレント光通信方式

　2005 年頃から，ビート信号を A/D 変換して，ディジタル信号化した後，ディジタル信号処理技術を用いて復調を行う方式に関する研究開発が急速に進展した．この方式をディジタルコヒーレント光通信方式と呼んでおり，本方式を用いて，2009 年末にディジタルコヒーレント光通信方式の実用化が行われた．

　図 17.4 にディジタルコヒーレント光通信方式に用いられる一般的な受信器構成を示す．今日実用化されているディジタルコヒーレント光通信方式で

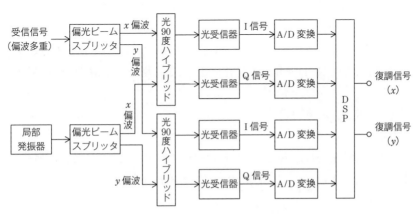

図 17.4 ディジタルコヒーレント光受信器の構成

は，変調方式として QPSK 方式が用いられ，更に直交する HE_{11x}, HE_{11y} モードにそれぞれ別々の情報をのせて伝送する偏波多重光通信技術が用いられている．例えば100 Gbit/sのディジタルコヒーレント光通信方式では，直交モードがそれぞれ50 Gbit/sの伝送速度を有している．図17.4に示すように，受信器側では，信号光，局発光ともに，偏光ビームスプリッタで直交偏波成分に分離して，x 偏波，y 偏波の各成分に対して，光90度ハイブリッドを用いてI信号，Q信号成分を出力する．各偏波成分のI信号，Q信号成分は，A/D変換器によってディジタル信号に変換される．ディジタル信号に変換された各信号成分はDSP (digital signal processor) に入り，DSP内でディジタル信号処理が行われる．DSP内では信号位相推定，偏波補償，波長分散補償などが行われ，データが完全な形で復調される[5]．2014年には7.5節で述べた16QAM方式と偏波多重方式を併用した，伝送速度200 Gbit/sのディジタルコヒーレント光通信方式が実用化されている．今後も更なる多値化によって，大容量のディジタルコヒーレント光通信方式の実現が期待される．

17.5　コヒーレント光受信器の雑音

第13章ではIM-DD方式の光受信器における各種雑音について述べた．一方，コヒーレント光通信方式の光受信器における雑音は，IM-DD方式とは異なり，その結果コヒーレント光通信方式の高受信感度特性が実現されている．そこで本節では，コヒーレント光受信器における雑音特性について述べる[3]．

式 (17.5) より，コヒーレントヘテロダイン受信器のビート信号電力 S_C は，受光素子としてAPDを用いた場合を考えると，増倍率を M, 感度を R として，

$$S_C = 2(RM)^2 P_S P_L \tag{17.9}$$

となる．

一方，雑音成分は，第13章で述べたIM-DD方式における雑音に加えて，更に局発光によるショット雑音が加わる．各雑音成分は以下のとおりとなる．

・信号光によるショット雑音

$$N_{S,S} = 2qM^{2+x} R P_S B_C \tag{17.10}$$

・APD の暗電流によるショット雑音
$$N_{SD} = 2qM^{2+x}I_d B_C \tag{17.11}$$
・局部発振光によるショット雑音
$$N_{SL} = 2qM^{2+x}RP_L B_C \tag{17.12}$$
・光受信器の熱雑音
$$N_T = i_C^2 B_C \tag{17.13}$$

ただしここで，B_C はコヒーレントヘテロダイン受信器の帯域幅であり，通常は伝送速度の2倍程度の値である．また，他のパラメータは第13章で定義したものと同一である．

局発光の光源は，光受信器の中に装備されており，光ファイバ伝送路を伝送後の信号光の電力よりも十分に大きい．したがって，コヒーレント光受信器においては，局発光によるショット雑音が支配的である．また局発光電力を十分に大きくすることにより，局発光によるショット雑音は熱雑音よりも十分に大きくなり，局発光によるショット雑音が受信器雑音の中で支配的になる．この状態におけるコヒーレント光受信器のSN比を求めると，

$$SNR = \frac{S_C}{N_{S,S} + N_{S,D} + N_{S,L} + N_T} \approx \frac{S_C}{N_{S,L}} = \frac{RP_S}{qM^x B_C} \tag{17.14}$$

となる．式（17.14）を参照すると，APD の増倍率が1より大きい場合には，SN 比は $1/M^x$ に劣化することがわかる．したがってコヒーレントヘテロダイン受信器においては，APD を利用する利点はない．実際のコヒーレント光受信器においても，受光素子として APD を利用することはなく，pin フォトダイオードが用いられる．

そこで式（17.14）において $M=1$（pin フォトダイオードを用いた場合）とし，更に $B_C \doteqdot 2B_R$（B_R は第13章で述べた IM-DD 方式の光受信器の帯域）であることを用いると，

$$SNR \approx \frac{RP_S}{qB_C} \approx \frac{RP_S}{2qB_R} \tag{17.15}$$

となる．これは第13章の式（13.21）に示したショット雑音限界のSN比の式と同一であり，コヒーレント光受信器においては，局発光によるショット雑音を支配的にすることにより，ショット雑音限界のSN比が実現できるこ

とがわかる．これが，コヒーレント光受信器の最大の特徴であり，IM-DD方式に対する高受信感度特性は，式（17.15）に近い状態が比較的容易に達成できることによるものである．

図 17.5 に局発光電力を変化させたときのビート信号電力，及び各雑音電力を式（17.9）〜（17.13）を用いて計算した結果を示す．図 17.5 の計算は以下の仮定において行った．信号波長 $= 1.55\,\mu\mathrm{m}$，$i_c = 15\,\mathrm{pA/Hz^{1/2}}$，$B_C = 5\,\mathrm{GHz}$，$\eta = 0.8$，$I_d = 5\,\mathrm{nA}$，$P_S = -30\,\mathrm{dBm}$．

図 17.5 の計算結果からわかるように，局発光電力が低い場合には光受信器の熱雑音（N_T）が支配的であるが，局発光電力を増加させるにつれて局発光によるショット雑音（$N_{S,L}$）が増大していき，局発光電力が十分に大きいときには，それが支配的になる．これが上述したコヒーレント光受信器の特徴である．

図 17.6 には，コヒーレント光受信器における信号対雑音比の局発光電力依存性を示した．図 17.6 からわかるように，信号対雑音比は局発光電力を増加するにつれて増加していき，局発光電力が十分に大きいときには，ショット雑音限界の信号対雑音比に近づくことがわかる．

これまでの議論においては，光増幅器を用いないコヒーレントシステムについて述べてきたが，光増幅器を中継器として用いたコヒーレントシステムにおいては，自然放出光が雑音に付加されるため，光受信器における雑音と

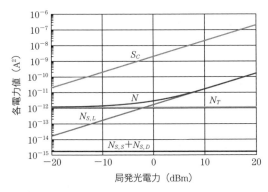

図 17.5 局発光電力を変化させたときの信号及び雑音電力の変化

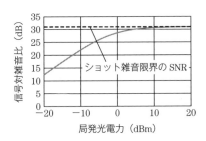

図 17.6 局発光電力を変化させたときの信号対雑音比の変化

しては,局発光と自然放出光間のビート雑音が支配的となる.

参 考 文 献

（1） 大越孝敬,"光ヘテロダインもしくは光ホモダイン型周波数多重光ファイバ通信の可能性と問題点の検討,"信学技報, OQE78-139, 1979 年 2 月 27 日.
（2） T. Okoshi and K. Kikuchi, "Coherent optical fiber communications," KTK Scientific Publishers, Tokyo, 1988.
（3） S. Ryu, "Coherent lightwave communication systems," Artech House, Norwood, 1995.
（4） T. Okoshi, S. Ryu, and K. Kikuchi, "Polarization-diversity receiver for heterodyne/coherent optical fiber communications," Proc. IOOC'83, Tokyo, paper 30C3-2, 1983.
（5） D. Ly-Gagnon, K. Katoh, and K. Kikuchi, "Unrepeated 210-km transmission with coherent detection and digital signal processing of 20-Gb/s QPSK signal," paper OTuL4, OFC/NFOEC2005, 2005.

演 習 問 題

1. コヒーレント光通信方式の特徴を,強度変調・直接検波方式と比較する観点で説明せよ.解答にあたっては,変調方式の視点での比較,光受信器の信号対雑音比の視点での比較については必ず説明すること.
2. 図 17.5 について,本文中に記されたパラメータを用いて実際に計算してグラフを描け.
3. 同様に図 17.6 についても実際に計算してみよ.

演習問題解答

第1章

1. フーリエ変換の定義から,

$$P(f) = \int_{-T/2}^{T/2} \left(1 - \frac{2|t|}{T}\right) \exp(-j2\pi ft) dt$$

$$= 2\int_0^{T/2} \left(1 - \frac{2t}{T}\right) \cos 2\pi ft \, dt$$

であるから,これを計算して,

$$P(f) = \frac{4}{T} \frac{1}{(2\pi f)^2} (1 - \cos \pi fT)$$

$$= \frac{T}{2} \left[\frac{\sin(\pi fT/2)}{\pi fT/2}\right]^2$$

2. 1.2節参照
3. 単位インパルスのフーリエ変換は,

$$\int_{-\infty}^{\infty} \delta(t) \exp(-j2\pi ft) dt = 1$$

であるから,求める伝達関数は,$h(t)$ のフーリエ変換である.
よって,

$$H(f) = \int_{-\infty}^{\infty} h(t) \exp(-j2\pi ft) dt$$

$$= T \frac{\sin(\pi fT)}{\pi fT} \exp(-j\pi fT)$$

4. 1.3.2節参照
5. 1.3.2節参照
6. 1.3.2節参照

第2章

1. 図2.3との一致を確認せよ.
2. 図2.4との一致を確認せよ.

演習問題解答

第3章

1. 搬送波電力 P_c は，搬送波の振幅を A として，
$$P_c = A^2/2 = 100 \text{ kW} = 100{,}000 \text{ W}$$
したがって上側波帯電力 P_s は，k を変調指数として，
$$P_s = \left[\frac{Ak}{2\sqrt{2}}\right]^2 = \frac{A^2 k^2}{8}$$
に $A^2 = 200{,}000$，$k = 0.5$ を代入して，$P_s = 6.25 \text{ kW}$ となる．
2. 3.6 節参照．
3. 3.7 節参照．

第4章

1. (1) $160 \times 10^6 \pi \div (2\pi) = 80 \times 10^6 \text{ Hz} = 80 \text{ MHz}$
   (2) $20 \times 10^3 \pi \div (2\pi) = 10 \times 10^3 \text{ Hz} = 10 \text{ kHz}$
   (3) 瞬時位相は，
   $$\varphi(t) = 160 \times 10^6 \pi t + 5\cos(20 \times 10^3 \pi t)$$
   であるから，瞬時角周波数は，
   $$\frac{d\varphi(t)}{dt} = 160 \times 10^6 \pi - 100 \times 10^3 \pi \sin(20 \times 10^3 \pi t)$$
   よって，瞬時周波数は，
   $$f_i(t) = \frac{1}{2\pi}\frac{d\varphi(t)}{dt} = 80 \times 10^6 - 50 \times 10^3 \sin(20 \times 10^3 \pi t) \text{(Hz)}$$
   よって最高周波数は，
   $$80 \times 10^6 + 50 \times 10^3 = 80.05 \text{ MHz}$$
   (4) (3) により，周波数偏移 $f_d = 50 \text{ kHz}$，また (2) より変調周波数 $f_m = 10 \text{ kHz}$ であるから，占有周波数帯域幅は，
   $$B = 2(f_d + f_m) = 2(50 + 10) = 120 \text{ kHz}$$
2. (1) 変調指数は $150 \div 10 = 15$
   (2) 最高周波数 $= 80 + 0.15 = 80.15 \text{ MHz}$，最低周波数 $= 80 - 0.15 = 79.85 \text{ MHz}$
   (3) 求める占有帯域幅は，$B = 2(150 + 10) = 320 \text{ kHz}$
3. 4.1 節参照

4. 4.4節参照

第5章

1. $[s(t)]^2 = [A\cos(16\pi t)]^2 = A^2 \dfrac{1+\cos(32\pi t)}{2}$

   よって $[s(t)]^2$ の周波数は，16 Hz であるので，
   ナイキストの標本化周波数は $16 \times 2 = 32$ Hz

2. $s(t)$ の各項のうち，最高周波数は，$\cos(4\pi t)$ に含まれる 2 Hz であるので，ナイキストの標本化周波数は，$2 \times 2 = 4$ Hz

3. (1) 量子化後のパルス列は**図1**のようになる．
   (2) 量子化雑音は，入力信号 $v(t)$ と量子化信号 $v_q(t)$ との差により，以下のように定義される．$q_n(t) = v(t) - v_q(t)$
   したがって，各パルスの量子化雑音は，$3.1 - 3.0 = 0.1$ V，$5.8 - 6.0 = -0.2$ V，$6.3 - 6.0 = 0.3$ V，$4.4 - 4.0 = 0.4$ V となる．
   (3) 求める単極性2進パルス列は，**図2**のようになる．

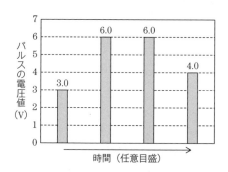

図1 演習問題第5章3.(1) の解答

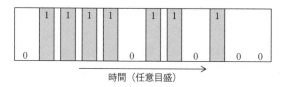

図2 演習問題第5章3.(3) の解答

238

4. (1) 5.5 節参照
   (2) 10 Gbit/s の伝送速度で 10 秒間，2 値のビット列を送信したときの全送出ビット数は，$(10 \times 10^9) \times 10 = 1 \times 10^{11}$ ビット．このうち 35 ビットが誤って受信されたのであるから，求める符号誤り率は，$35 \div (1 \times 10^{11}) = 3.5 \times 10^{-10}$

第 6 章

1. 各節参照

第 7 章

1. 各節参照
2. 各データ列は次のようになる．

伝送したいデータ列：　　　1 1 0 1 1 0 0 1 1 0
差動符号化されたデータ列：1 0 1 1 0 1 1 1 0 1 1
復号化後のデータ列：　　　1 1 0 1 1 0 0 1 1 0

第 9 章

1. 比屈折率差 $\Delta = 1\% = 0.01$，コアの屈折率 $n_1 = 1.5$ とすると，
   求める開口数は $n_1\sqrt{2\Delta}$ より 0.212

2. (1) コア，クラッド境界面におけるスネルの法則を記すと，
$$\frac{\sin\left(\frac{\pi}{2} - \theta_1\right)}{\sin\left(\frac{\pi}{2} - \theta_2\right)} = \frac{n_2}{n_1}$$
$$\therefore \quad \frac{\cos\theta_1}{\cos\theta_2} = \frac{n_2}{n_1}$$

   (2) 全反射が起きるための条件は，上式において $\theta_2 = 0$ とおいて，
$$\cos\theta_1 > \frac{n_2}{n_1}$$
あるいは，$\sin\theta_1 < \sqrt{1 - \left(\frac{n_2}{n_1}\right)^2} = \frac{\sqrt{n_1^2 - n_2^2}}{n_1}$

(3) 最大の入射角度 ($\theta_{\max}$) を有する光線については，(2) の解答より，

$$\cos\theta_{\max} = \frac{n_2}{n_1}$$

よって，

$$\theta_1 = 0 \quad \rightarrow \quad t = t_0$$
$$\theta_1 = \theta_{\max} \quad \rightarrow \quad t = t_{\max}$$

とすると，これらの時間差は，

$$\tau = t_{\max} - t_0$$
$$= \frac{n_1 - n_2}{n_2} \frac{n_1 L}{c} = \frac{L}{c} \frac{n_1^2}{n_2} \Delta$$

(4) 伝送速度を B とすると，パルスが伝送できる条件は，1パルス周期 $>\tau$ であるから，$\frac{1}{B} > \tau$ より，最大伝送速度は，$\frac{n_2}{n_1 - n_2}\frac{c}{n_1 L}$ あるいは，$\frac{n_2}{n_1^2}\frac{c}{\Delta L}$

第10章

1. $\Delta \mathbf{E} = \varepsilon\mu \dfrac{\partial^2 \mathbf{E}}{\partial t^2}$

2. 極座標変換の式 (10.45 a)，(10.45 b) より，若干の計算の後，

$$\frac{\partial}{\partial x} = \cos\theta \frac{\partial}{\partial \rho} - \frac{1}{\rho}\sin\theta \frac{\partial}{\partial \theta}$$
$$\frac{\partial}{\partial y} = \sin\theta \frac{\partial}{\partial \rho} + \frac{1}{\rho}\cos\theta \frac{\partial}{\partial \theta}$$

が得られる．上式を用いて計算を進めると式 (10.46) が証明される．

3. 10.2.3 節参照
4. 10.3，10.4 節参照

第11章

1. 11.1.6 節参照
2. 最大伝送距離 $L_{\max}$ は，

$$L_{\max} = \frac{1}{B|D|\Delta\lambda} = \frac{1}{10\times 10^9 \times 17\times 10^{-12}\times 0.2} = 29.41 = 29 \text{(km)}$$

第 12 章

1. 解答略（章内の記述を読み直しまとめること）

第 13 章

1. 13.3 節参照
2. (1) $8.28\times 10^{-13}\,\mathrm{A}^2$, (2) $18.2\,\mathrm{pA}/\sqrt{\mathrm{Hz}}$
3. (1) $1.0\times 10^{-10}\,\mathrm{A}^2$, (2) $4.0\times 10^{-13}\,\mathrm{A}^2$
4. (1) $\dfrac{20\times 10^{-3}}{6.626\times 10^{-34}\times (2.998\times 10^8/1.55\times 10^{-6})} = 1.56\times 10^{17}$ 個/s

   (2) $0.22\times 150 = 33\,\mathrm{dB}$

   (3) $+13 - 33 = -20\,\mathrm{dBm}$

   (4) $\dfrac{0.7\times 1.602\times 10^{-19}\times 1.55\times 10^{-6}}{6.626\times 10^{-34}\times 2.998\times 10^8}\times 1\times 10^{-5} = 8.75\times 10^{-6}\,\mathrm{A} = 8.75\,\mathrm{\mu A}$

   (5) $2\times 1.602\times 10^{-19}\times 8.75\times 10^{-6}\times 5\times 10^9 = 1.40\times 10^{-14}\,\mathrm{A}^2$

第 14 章

1. 式 (14.5) の第 2 項で $x_1 = \dfrac{I_1 - i}{\sigma_1}$, $x_2 = \dfrac{i - I_0}{\sigma_0}$ なる変数変換を行ってみよ．
2. 解答略

第 15 章

1. (1) 入出力結合がファイバで行われるため，極めて低損失で結合できる．
   (2) 偏波依存性がほぼ 0 である．
   (3) 極めて広帯域であり，WDM 信号が一括で増幅できる．
2. 光前置増幅器を用いない場合には，光受信器においては熱雑音が支配的となるため，十分な SN 比が確保できない場合がある．これに対して，光前置増幅器を用いた場合には，ビート雑音限界の SN 比が達成できるため，熱雑音限界の場合よりも高い SN 比が達成可能である．

第 16 章

1. 二つの波長信号の周波数をそれぞれ f_1, f_2, 対応する波長を λ_1, λ_2 とすると，$\lambda_1 \approx \lambda_2 = \lambda$ とし，c を光速として，

$$\lambda_1 - \lambda_2 = \frac{c}{f_1} - \frac{c}{f_2} \approx \frac{f_2 - f_1}{c/\lambda^2}$$

   これより求める波長間隔は，0.40 nm
2. 16.1 節参照

第 17 章

1. 17.2, 17.5 節参照
2. 解答略
3. 解答略

索　引

〔あ 行〕

アナログテレビジョン伝送方式 ……… 48
アナログ変調方式 ……………………… 30
アバランシェ増倍 …………………… 190
アバランシェフォトダイオード ……… 189
アレー導波路 ………………………… 219
イオン化 ……………………………… 189
位相速度 ………………………… 146, 163
位相定数 ………………………… 145, 158
位相偏移 ……………………………… 59
位相変調 …………………… 31, 57, 64
インパルス応答 …………………… 10, 85
インパルス標本化関数 ……………… 81
インパルス列 …………………… 78, 86
ウィーナー・ヒンチンの定理 …… 16, 19
エルゴード過程 ……………………… 15
エルゴード的 ………………………… 15
エルビウム …………………………… 206
エルビウムドープ光ファイバ ……… 206
エルビウムドープ光ファイバ増幅器
　………………………………… 130, 205
円筒座標系 …………………………… 148
応答速度 ……………………………… 189

〔か 行〕

開口数 ………………………………… 136
外部変調 ………………………… 181, 184
外部変調器 …………………………… 184
ガウス雑音 ……………… 53, 71, 94, 106
ガウス分布 ………… 21, 121, 192, 194, 201
拡散 …………………………………… 189
拡散信号 ……………………………… 102
拡散長 ………………………………… 189
角度変調 …………………………… 31, 59
カー効果 ……………………………… 177
過剰雑音 ……………………………… 190
過剰雑音指数 ………………………… 196

下側波帯 …………………… 33, 48, 49
カットオフ …………………… 156, 160
過変調 ………………………………… 33
感度 …………………… 187, 226, 231
緩和振動 ……………………………… 183
規格化周波数 ………………………… 157
規格化伝搬定数 ……………………… 157
キャリア寿命 ………………………… 182
吸収端波長 …………………………… 185
境界条件 ……………………………… 154
狭帯域雑音 …………………… 25, 121
狭帯域信号 …………………………… 22
強度変調 ……………………………… 180
強度変調・直接検波方式 …………… 200
局発光 …………………………… 226, 232
局部発振器 ………………… 43, 113, 226
局部発振光 …………………………… 226
局部発振信号 …………… 46, 108, 116
空乏層 …………………………… 188, 189
屈折率 …………………………… 134, 167
屈折率分布 …………………………… 138
クラッド ……………………………… 134
グレーディッドインデックスファイバ …… 138
クロック抽出回路 …………………… 191
群屈折率 ………………………… 164, 167
群速度 …………………… 162, 163, 164
群速度分散 …………………………… 163
群遅延時間 ……………………… 163, 167
減衰定数 ………………… 145, 173, 213
検波利得 …………………… 54, 56, 76
コア …………………………… 134, 138
光源のスペクトル広がり …………… 165
光子 …………………………………… 187
光子寿命 ……………………………… 182
光線理論 ……………………………… 133
構造分散 ……………………………… 169
誤差関数 ……………………………… 95
コスタス型位相同期ループ ………… 227
コヒーレント光通信システム ……… 225
コヒーレント光通信方式 …………… 130

コヒーレントヘテロダイン検波 ……… 225, 227
コヒーレントホモダイン検波 ………… 225, 227
固有値方程式 ……………………………… 156, 157

〔さ 行〕

再結合 ……………………………………… 189
材料分散 …………………………… 163, 167, 169
雑音指数 …………………………… 193, 212, 215
雑音電力 …………………………………… 192
差動位相シフト・キーイング …………… 114
差動符号化 ………………………………… 114
残留側波帯 ………………………………… 49
残留側波帯変調 …………………………… 48
時間平均 …………………………………… 13
閾値 ………………………………… 201, 203
閾値電流 …………………………………… 181
閾値レベル ……………………………… 93, 107
識別回路 …………………………………… 191
自己位相変調 ……………………………… 177
自己相関関数 …………………………… 14, 124
二乗検波 ……………………………… 43, 226
二乗復調 …………………………………… 43
自然放出係数 ……………………………… 208
自然放出光 ………………………………… 207
実効屈折率 …………………………… 156, 164
時分割多重 …………………………… 100, 222
弱導波近似 ………………………………… 157
遮断周波数 ………………………………… 192
集合平均 …………………………………… 12
周波数スペクトル ……………………… 5, 33, 35
周波数スペクトル密度 …………………… 5
周波数逓倍 ………………………………… 65
周波数逓倍器 ……………………………… 65
周波数分割多重 …………………………… 98
周波数偏移 ………………………………… 59
周波数変調 ……………………………… 31, 57, 64
周波数弁別器 ……………………………… 67
16QAM ………………………………… 120, 231
縮退 ………………………………………… 158
瞬時位相角 ……………………………… 57, 72
瞬時角周波数 ……………………………… 58
瞬時周波数 ……………………………… 58, 73
瞬時電力 …………………………………… 39
乗積変調 …………………………………… 41

上側波帯 …………………………… 33, 46, 48, 49
ショット雑音 ……… 194, 195, 196, 208, 214, 231, 232
ショット雑音限界 ………… 196, 211, 228, 232, 233
シングルモードファイバ ………………… 159
信号対雑音比 ………… 53, 71, 95, 111, 114, 122, 195, 233
信号電力 …………………………………… 4
信号配置図 ………………………………… 119
振幅シフト・キーイング ………………… 105
振幅制限器 ………………………………… 67
振幅変調 ………………………………… 31, 54
ステップインデックスファイバ ……… 134, 171
スネルの法則 ……………………………… 133
スペクトル ………………………………… 5
スペクトル広がり ………………………… 165
スペース …………………………………… 93
スラブ導波路 ……………………………… 219
スレッショールド効果 …………………… 76
正規化電力 ………………………………… 5
正規分布 …………………………………… 21
正弦波 ……………………………………… 1
整合フィルタ …………………………… 123, 124
線形システム ……………………………… 9
前置増幅器 ………………………………… 190
全反射 ……………………………………… 134
全分散 ……………………………………… 169
相関 ………………………………………… 125
相互位相変調 ……………………………… 177
増倍率 …………………………… 190, 195, 231
増幅器の雑音指数 ………………………… 193
側波帯 …………………………………… 60, 63

〔た 行〕

帯域幅 …………………………………… 61, 63
第1種ベッセル関数 ……………………… 152
第1種変形ベッセル関数 ………………… 152
第2種ベッセル関数 ……………………… 152
第2種変形ベッセル関数 ………………… 152
たたみ込み積分 …………………………… 11
多値位相変調 ……………………………… 118
多値変調方式 …………………………… 117, 118
多モード光ファイバ ……………………… 162
多モード分散 …………………………… 136, 162
単位インパルス ………………………… 9, 78

単一縦モード発振 …………………… 184
単一モード条件 ……………………… 160
単極性パルス ………………………… 89
単側波帯変調 ………………………… 46
ダンピング係数 ……………………… 182
中間周波信号 ………………………… 226
中間周波電流 ………………………… 226
注入電流 ……………………………… 181
直接変調 ……………………………… 181
直交拡散信号 ………………………… 103
直交成分 …………………………… 23, 25
低域通過フィルタ …………………… 192
ディエンファシス …………………… 76
ディジタルコヒーレント光通信方式
  ………………………… 130, 173, 228, 230
ディジタル通信 ……………………… 82
ディジタル通信方式 ………………… 78
ディジタル変調方式 ……………… 30, 105
定常確率過程 ………………………… 14
電圧制御発振器 ……………………… 66
電界吸収型変調器 …………………… 185
伝搬定数 …………………… 145, 150, 163
電力 ……………………………… 5, 39
電力スペクトル密度 ………… 17, 74, 121
等価入力雑音電流密度 ……………… 193
同期検波 …… 42, 46, 50, 54, 108, 112, 113, 119
同期復調 ……………………………… 42
同調回路 ……………………………… 67
導波路分散 ……………………… 162, 169
特性方程式 …………………………… 145
トランスインピーダンス型 …… 191, 193
ドリフト ……………………………… 189

〔な 行〕

ナイキストの標本化周波数 ……… 83, 87
仲上‐ライス分布 ………………… 28, 107
なだれ増倍 …………………………… 190
2進OOK ……………………………… 105
2進位相シフト・キーイング ……… 113
2進オンオフ・キーイング ………… 105
2進周波数シフト・キーイング …… 109
2進信号 ……………………………… 105
2進パルス …………………………… 89
入力インピーダンス ………………… 192

熱雑音 ………………… 192, 195, 196, 210, 232
ノイマン関数 ………………………… 152
ノンゼロ分散シフトファイバ ……… 172

〔は 行〕

ハイインピーダンス型 …………… 191, 193
バイト多重方式 ……………………… 102
ハイブリッドモード ………………… 156
パーセバルの公式 …………………… 4, 8
波長多重光通信 ………… 130, 172, 177, 217
波長分散 ……………………… 165, 169
波動方程式 …………………… 144, 149
パルス振幅変調 ……………………… 88
パルス広がり ………………… 162, 165
パルス符号変調 ……………………… 90
搬送波 …………………………… 1, 30
搬送波信号 …………………………… 30
搬送波電力対雑音電力比 …………… 72
搬送波抑圧振幅変調 …………… 45, 64
判定スレッショールドレベル …… 93, 107
反転分布パラメータ ………………… 208
半導体レーザ ………………………… 129
半導体レーザ増幅器 …………… 205, 209
バンドギャップエネルギー ………… 187
光アクセス系 ………………………… 218
光アクセスシステム ………………… 221
光90度ハイブリッド …………… 227, 231
光合波器 ……………………………… 219
光受信器 ……………………………… 190
光スプリッタ ………………………… 222
光前置増幅器 …………………… 207, 210
光増幅器 ………………………… 129, 205
光増幅器の雑音指数 ………………… 212
光増幅中継システム ………………… 214
光中継増幅器 …………… 207, 213, 218
光バンドパスフィルタ ……………… 219
光ファイバ …………………………… 128
光ファイバ通信 ……………………… 128
光ファイバの損失 …………………… 173
光分波器 ……………………………… 219
光変調器 ……………………………… 181
ピーク信号電力対雑音比 …………… 95
比屈折率差 ……………………… 136, 157
ピーク電力 …………………………… 40

非線形屈折率定数……………………… 177
非線形光学効果………………………… 177
ビット多重方式………………………… 102
非同期検波………………………… 106, 110
ビート雑音……………………… 208, 215, 233
ビート雑音限界………………… 211, 214, 228
ビート信号……………………… 226, 229, 231
ビート長………………………………… 161
微分利得………………………………… 182
標本化………………………………… 81, 88
標本化関数……………………………… 84
標本化周波数…………………………… 82
標本化定理………………………… 78, 83, 84, 86
標本値…………………………………… 85
表面波…………………………………… 146
ファイバ四光波混合…………… 172, 178, 218
ファブリ・ペローレーザ……… 170, 171, 183
フェーザ………………………………… 2, 144
フェーザ表示…………………… 2, 118, 144
フォトダイオード……………………… 188
複屈折…………………………… 161, 229
複素フーリエ級数………………………… 4
復調……………………………………… 30
複同調回路……………………………… 68
符号誤り率…………… 93, 107, 111, 112, 114, 116, 120, 203
符号誤り率特性………………… 116, 200
符号化…………………………………… 89
符号分割多重…………………………… 102
フッ化物ファイバ……………………… 176
フランツ・ケルディッシュ効果………… 185
フーリエ逆変換…………………………… 5
フーリエ級数……………………………… 3
フーリエ変換……………………………… 5
プリエンファシス……………………… 76
フロントエンド………………………… 190
分散……………………………… 139, 162, 166
分散シフト光ファイバ………………… 171
分散特性………………………………… 169
分散フラットファイバ………………… 172
分散補償ファイバ……………………… 172
平衡変調器…………………… 45, 47, 64
平面導波路……………………………… 147
平面波…………………………………… 145
ベースバンド信号……………………… 24

ベッセル関数…………………………… 152
ベッセルの微分方程式………………… 151
ヘテロダイン検波……………………… 225
変形ベッセル微分方程式……………… 151
偏光ビームスプリッタ………… 229, 231
変数分離法……………………………… 149
変調……………………………………… 30
変調指数………………………………… 32, 59
変調信号………………………………… 30
変調歪み………………………………… 42
変調方式………………………… 30, 105
偏波依存性……………………………… 206
偏波状態………………………………… 229
偏波ダイバーシティ光受信方式……… 229
偏波多重………………………………… 231
ポアソン分布…………………………… 194
包絡線検波……………………… 44, 51, 55, 67
包絡線復調……………………………… 44
補誤差関数……………………… 95, 109, 202
ホモダイン検波………………… 225, 227
ポンプレーザ…………………………… 206

〔ま 行〕

マーク…………………………………… 93
マクスウェルの方程式………………… 142
マスター方程式………………………… 207
マッハ・ツェンダー型変調器………… 184
モード…………………………… 156, 158

〔や 行〕

誘電体多層膜フィルタ………………… 219
誘導放出………………………………… 206
4相位相変調…………………………… 119

〔ら 行〕

ライス分布……………………………… 28
両極性パルス…………………………… 89
量子化…………………………………… 88
量子化雑音……………………………… 89, 91
量子化レベル…………………………… 88
量子効率………………………………… 187
両側波帯変調…………………………… 45

索　引

臨界角 ………………………………… 134	ITU-T ………………………………… 223
累積分散 ……………………………… 172	ITU-T 勧告 …………………………… 219
レイリー散乱 ………………………… 174	I 信号 …………………………… 227, 231
レイリー散乱限界 …………………… 175	LP_{0n} モード ………………………… 159
レイリー分布 …………………… 26, 107	LP_{1n} モード ………………………… 159
レート方程式 …………………… 181, 207	LP_{mn} モード ………………………… 159
	LP モード …………………………… 159
〔ギリシャ・欧文〕	L バンド ………………………… 218, 221
	NZDSF ……………………………… 172
δ 関数 ……………………………… 9, 78	OADM ……………………………… 220
AM …………………………………… 31	OH 基による吸収損失 ……………… 175
APD ………………………… 189, 195, 200, 231	OLT …………………………… 221, 223
Armstrong の変調回路 ……………… 65	ONU …………………………… 221, 222
ASK ………………………… 105, 180, 226	OOK …………………………… 105, 137
AWG ………………………………… 219	O バンド …………………………… 218
BL 積 ……………………………… 139	PAM …………………………… 88, 90
CDM ………………………………… 102	PCM ………………………………… 90
CN 比 ………………………………… 72	pin フォトダイオード ……… 189, 195, 200, 226, 232
CWDM ……………………………… 219	PM …………………………………… 31
C バンド ………………………… 218, 221	pn フォトダイオード ………………… 188
DFB レーザ …………………… 172, 183	PON ………………………………… 222
DPSK ……………………………… 114	PSK ………………………… 113, 180, 225, 228
DSB-SC 変調 ………………………… 45	QAM ………………………………… 120
DSB 信号 …………………………… 53	QPSK ……………………………… 119
DSB 変調 …………………………… 45	Q 信号 …………………………… 227, 231
DSF …………………………… 171, 218	Q 値 ………………………………… 202
DSP ………………………………… 231	SMF ………………………………… 171
DWDM ……………………………… 218	SNR ………………………………… 53
EDFA ………………… 205, 206, 209, 210	SN 比 …… 53, 54, 55, 195, 211, 212, 213, 215, 232
EH_{mn} モード ………………… 156, 158	SN 比改善度 ………………………… 76
E バンド …………………………… 218	SPM ………………………………… 177
FDM ………………………………… 98	SSB 変調 …………………………… 46
FM …………………………………… 31	S バンド …………………………… 218
FSK ………………………… 109, 180, 225	TDM …………………………… 100, 223
FWM ……………………………… 178	TDMA ……………………………… 223
GE-PON …………………………… 223	TE_{0n} モード ………………………… 158
GPON ……………………………… 223	TE モード …………………………… 147
GVD パラメータ …………………… 165	TM_{0n} モード ………………………… 158
HE_{11x} モード ………………… 161, 229, 230	TM モード …………………………… 147
HE_{11y} モード ………………… 161, 229, 230	VCO ………………………………… 66
HE_{11} モード ………………… 159, 229	VSB 変調 …………………………… 48
HE_{mn} モード ………………… 156, 158	V 値 ………………………………… 157
IEEE ………………………………… 223	WDM ………………… 130, 172, 177, 215, 217, 221
IM …………………………………… 180	XPM ………………………………… 177
IM-DD 方式 ………………………… 200	

―― 著者略歴 ――

笠 史郎
りゅう　し　ろう

　　　1981年東京大学工学部電子工学科卒業．1983年同大学大学院工学系研究科電子工学専門課程修士課程修了．
　　　1983年国際電信電話株式会社（KDD）入社．KDD研究所において，コヒーレント光通信システム，光海底ケーブルなどの研究開発に従事．1993年博士（工学）．
　　　2000年日本テレコム株式会社入社．日本テレコム情報通信研究所にて，超高速光通信システムに関する研究開発に従事．2002年同社サービス開発本部情報通信研究所次世代網システム部部長．以降，光伝送システム技術に加えて，GMPLSなどの次世代ネットワークプロトコルと次世代光ネットワークの連携技術などに関する研究開発を統括．
　　　2005年早稲田大学理工学部電気・情報生命工学科非常勤講師就任（日本テレコム社と兼務）．同大学の学部再編により，2009年度より基幹理工学部電子光システム学科（現在電子物理システム学科）非常勤講師．
　　　2009年ソフトバンクテレコム株式会社ネットワーク本部担当部長．2013年同社ネットワーク本部ネットワーク開発統括部担当部長．
　　　2016年明治大学総合数理学部教授．現在に至る．
　　　2008年 IEEE LEOS 2008 Summer Topicalsにおいて，"Coherent Optical Communication Systems" の Topic Co-Chair．電子情報通信学会フォトニックネットワーク研究専門委員会，ネットワーク仮想化時限研究専門委員会，光ファイバ応用技術研究専門委員会の各専門委員，2015年 IEEE Photonics Society Japan Chapter, Chair．電子情報通信学会正員．IEEE Senior Member．
　　　2004年，2007年，2009年（独）新エネルギー・産業技術総合開発機構（NEDO），研究評価委員会分科会委員，2011年（財）情報通信技術委員会（TTC）光ファイバ伝送専門委員会副委員長．
　　　1988年 Second Optoelectronics Conference (OEC'88), Best Paper Award 受賞．1991年平成2年度電子情報通信学会学術奨励賞受賞．2016年（一社）情報通信技術委員会（TTC）功労賞受賞．
　　　著書 "Coherent Lightwave Communication Systems" Artech House, 1995．

伝送理論の基礎と光ファイバ通信への応用
Fundamentals of Transmission Theory and Its Application to Optical Fiber Communications

平成27年3月25日	初版第1刷発行	編　者	一般社団法人電子情報通信学会
令和 2 年 9 月 15 日	初版第2刷発行	発行者	白　石　　　智
		印刷者	渡　部　明　浩
		印刷所	新日本印刷株式会社
			〒162-0601　東京都新宿区山吹町342番地

ⓒ 電子情報通信学会 2015

発行所　一般社団法人 電子情報通信学会
　〒105-0011　東京都港区芝公園3丁目5番8号（機械振興会館内）
　　電　話　(03)3433-6691（代）　振替口座　00120-0-35300
　ホームページ　https://www.ieice.org/jpn_r/index.html

取次販売所　株式会社 コロナ社
　〒112-0011　東京都文京区千石4丁目46番10号
　　電　話　(03)3941-3131（代）　振替口座　001410-8-14884
　ホームページ　https://www.coronasha.co.jp

ISBN 978-4-88552-295-6　　　　　　　　　　　　　　　　　Printed in Japan

無断複写・転載を禁ずる